KB125265

과기부 추천

고등 수학 공식 100

과기부 추천

고등 수학 공식100

초판 1쇄 인쇄일 2023년 8월 17일
초판 1쇄 발행일 2023년 8월 24일

지은이 박구연
펴낸이 김지영 펴낸곳 지브레인Gbrain
편 집 김현주
마케팅 조명구 제작 · 관리 김동영

출판등록 2001년 7월 3일 제2005-000022호
주소 04021 서울시 마포구 월드컵로7길 88 2층
전화 (02)2648-7224 팩스 (02)2654-7696

ISBN 978-89-5979-784-4(04410)
978-89-5979-785-1(SET)

• 책값은 뒤표지에 있습니다.
• 잘못된 책은 교환해 드립니다.

과기부 추천

100 고등 수학 공식

박구연 지음

머리말

우리의 일상생활 속에는 정말 많은 곳에 철을 사용하고 있다. 거의 모든 분야에서 철이 들어간 제품을 만나볼 수 있으며 산업 분야에서도 철은 많이 사용하는 소재이다.

인류가 3천여 년 전에 철을 발견한 후 철은 인류 문명의 발전에 큰 영향을 준 자원이 되었다.

그리고 이와 같은 철은 우리 몸속에도 있다. 우리 몸속에는 약 3~4g 정도의 철분이 산소를 운반하는 헤모글로빈의 형태로 존재한다. 사람을 비롯한 동물들 또한 생명을 유지하기 위해서는 철이 필요한 것이다. 이처럼 철이 인류사에 미친 영향과 필요성은 따로 말할 필요가 없다. 그런데 학문에서도 이런 철과 같은 역할을 하고 있는 분야가 있다. 바로 수학이다.

그리고 수많은 수학 천재들을 비롯해 인내와 끈기로 수학을 연구해 온 수학자들이 좀 더 쉽게 수학을 공부할 수 있도록 연구하고 발전시킨 것이 바로 수학 공식이다.

수학 공식은 철학적 사고력과 함께하면서 수많은 학문 분야에서 이용되어왔고 이제 챗GPT의 시대 즉 인공지능의 시대가 되면서 수학의 중요성은 더 커지고 있다.

< 과기부 추천 고등 수학 100> 은 2019년 과기부가 추천한 중고교 수학 공식 193개 중 고등 수학 공식 100개를 모았다. 이 중에는 고등 수학 필수 공식 외에도 외국의 고등학교에서 배우는 필수 공식도 소개되어 있다.

3차 방정식의 근의 공식이나 통계학의 공분산과 오일러-마스케로니 상수 등은 우리나라 고등학교 수학에서 배우는 공식이나 상수는 아니지만 전 세계에서 중요하게 다뤄지는 수학 공식이다.

여러분은 앞으로 수학에 대해 아는 만큼 더 재미있어지는 수학을 만나게 될 것이며 이를 통해 수학에 관한 흥미와 관심을 가질 수 있을 것이다.

고등학교 수학 공식은 암기할 것이 많은 만큼 증명 과정을 최대한 쉽게 풀어 넣었다. 그리고 수식 기호와 수식은 고등학교 수준에 맞는 수식으로 수정했다.

2010년 이후에 출생한 세대로, 생성형 AI의 단계를 넘어 이제는 AI와 함께 가야 하는 세대인 알파 세대는 태어날 때부터 스마트폰의 사용이 일상화되고 필수 불가결한 생활 속에서 살고 있다. 따라서 생성형 AI에 대해 어느 세대보다 익숙하고 더 많은 이해력을 가지고 있기도 하다.

그런데 이런 생성형 AI인 챗GPT도 메타버스나 사물형 인터넷처럼 결국은 수학 공식의 직간접적인 결연체이며 수많은 수학 분야가 적용되고 있다.

우리의 삶과 우리의 미래를 함께 할 AI에는 철학과 인문학이 바탕이 되어 수학을 도구로 쓴 수많은 학문이 적용될 것이다. 그리고 이와 같은 기본 도구가 되는 수학의 기초 지식은 중학 수학과 고등 수학으로 볼 수 있다. 고등 수학에서 배우는 벡터와 미적분은 AI 모델의 기반 형성에 필요한 학문이기도 하다.

고등 수학은 초등학교와 중학교 수학을 바탕으로 앞으로의 진로를 위한 가장 어려운 부분을 배우는 단계이다. 또한 일상생활에 관련된 수학을 연관 짓는 밀접한 수학이 고등 수학이기도 하다.

이 점을 여러분이 잘 기억하고 생활 속 수학이 중 · 고등 수학임을 잘 이해한다면 여러분은 이 책 속 공식들을 즐겁게 만나볼 수 있을 것이다.

이 책을 통해 여러분이 탄탄한 고등 수학의 기본공식과 개념을 알아갈 수 있기를 바란다.

박구연

차례

• 수학의 재미와 중요성을 알게 되는 고등학교 3 학년

$$P(x=k) = \binom{n}{k} p^k q^{n-k}$$

$$\sum kx \qquad (t = \cos x) \qquad \sqrt{}$$

$$\frac{1}{\pi} \qquad 12\alpha \qquad \lim_{B} \qquad S = x^2 \qquad (n+$$

$$\int \frac{1}{\pi} \qquad E(x) = \sum^{B} ne^2 - p(x^2 - p)(x =$$

$$x - y$$

$$\sin(\alpha)$$

$$\int \frac{dx}{\cos^2 x}$$

$$\sin^2 = 3\pi$$

$$\Sigma \qquad x = 2m^2 \qquad \int \frac{1}{A^2 x q^2 + B^2} \qquad y <$$

$$x = 0 \qquad \overline{} \qquad EMC \qquad \sin$$

$$A \quad B \quad C$$

$$\lim \sqrt{x \cos i} - \sqrt{x - y} \qquad x^3 (x$$

$$\lim e \, 2 \qquad a^n \qquad x - 5 \qquad 3\cos 3 + \sqrt{y - e} \qquad \frac{\cos}{\sin}$$

$$\left(\frac{1}{2}\right)^{-x} = 1 \qquad \frac{a^n}{bk} \Big\} o^2 Y \qquad \alpha + 3 = x^2 \qquad x^3 \qquad Y =$$

$$2\pi^3 = \sin x \qquad 2\pi x \qquad a^2 \qquad d^2 \qquad \frac{\sin \alpha^2}{6}$$

$$\sqrt{} = c \; 5x^2 \qquad tg$$

$$\log \frac{x}{y} = \log 2 \qquad KEC^2 [0,1$$

$$(\cos x) = \cos(z) \qquad \frac{1}{2} \qquad m \qquad \sum^2 k$$

$$xem \qquad dy \, 3 \qquad {}^3 C_{n+1} \qquad x3 \qquad m = 0$$

$$\int \frac{\cos x \, dx}{2 - \sin^2 x} = \int \frac{dt - act \sin}{1 + 2x} \; \frac{1}{2} \, e^{2 - 2p}$$

$$= np \sum_{i=0} \begin{bmatrix} x = 1 \\ \lim \end{bmatrix} c \, 2 + x (-1) = x p \, x$$

$$a^o =$$

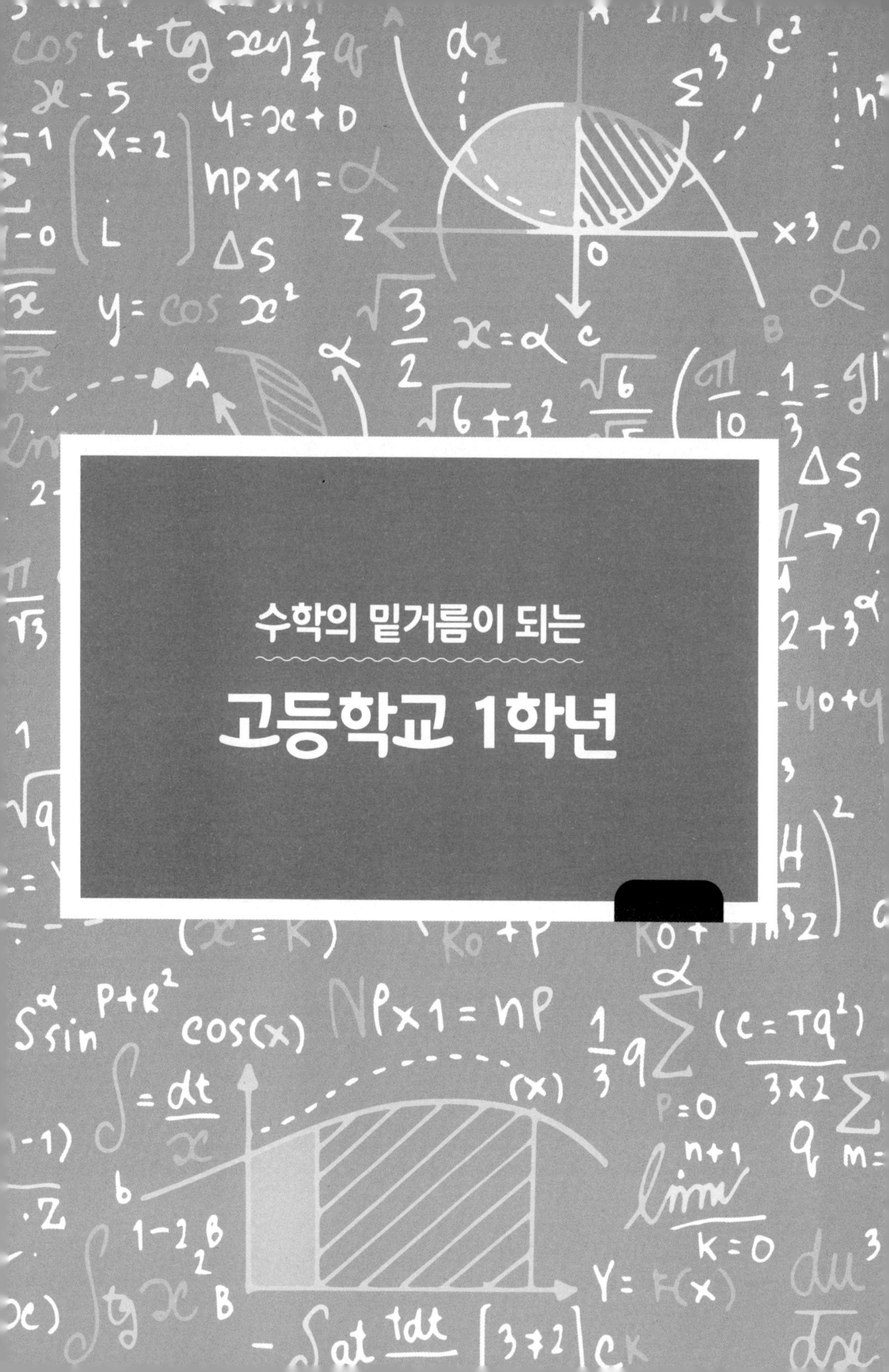
수학의 밑거름이 되는
고등학교 1학년

1 이중근호 공식

공식

$$\sqrt{a+b+2\sqrt{ab}}=\sqrt{a}+\sqrt{b}$$
$$\sqrt{a+b-2\sqrt{ab}}=\sqrt{a}-\sqrt{b}$$
(단 $a>b>0$)

정리

이중근호는 근호 안에 근호가 포함된 형태를 의미한다. 이중근호를 해결하는 방법은 완전제곱식을 이용하는 것이다. 예를 들어 이중근호 $\sqrt{5+2\sqrt{6}}$ 를 풀어보자. $\sqrt{5+2\sqrt{6}}=\sqrt{(\sqrt{2}+\sqrt{3})^2}=\sqrt{2}+\sqrt{3}$ 처럼 구해진다. 제곱근 안의 $5+2\sqrt{6}$ 을 $(\sqrt{2}+\sqrt{3})^2$ 으로 나타내고 제곱근을 씌었지만 완전제곱식의 형태이므로 $\sqrt{2}+\sqrt{3}$ 으로 구해진 것이다. 제곱근 안의 5는 2+3이고, 2는 $\sqrt{2^2}$, 3은 $\sqrt{3^2}$ 에서 $2+3=\sqrt{2^2}+\sqrt{3^2}$ 을 생각하여 제곱근 안을 완전제곱식으로 나타내면 구할 수 있는 것이다.

한편 주의할 것은 $\sqrt{5-2\sqrt{6}}$ 은 $\sqrt{2}-\sqrt{3}$ 으로 나타내면 음수가 되

기 때문에 $\sqrt{3}-\sqrt{2}$ 로 나타내야 한다.

예제 이중근호 $\sqrt{7+2\sqrt{10}}$ 을 푸시오.

2 정오각형의 높이 공식

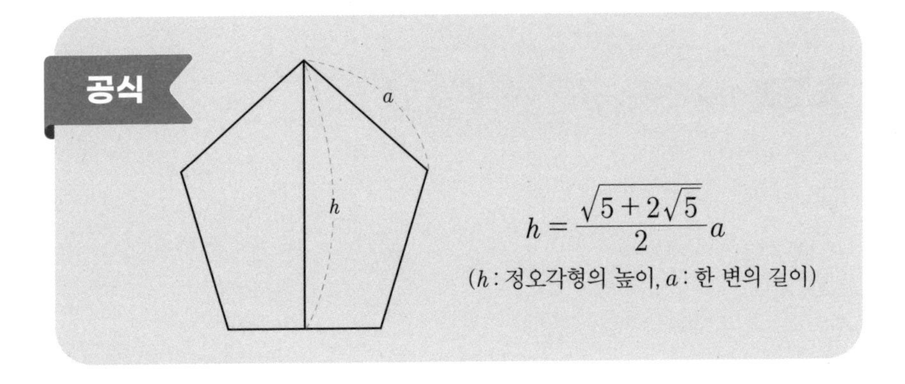

공식
a
h
$h = \dfrac{\sqrt{5+2\sqrt{5}}}{2}a$
(h : 정오각형의 높이, a : 한 변의 길이)

정리

정오각형의 높이는 대각선의 길이 공식과 피타고라스의 정리를 이용하면 구할 수 있다. 정오각형의 대각선의 길이는 정오각형의 한 변의 길이가 a일 때 $\dfrac{\sqrt{5+2\sqrt{5}}}{2}a$이다.

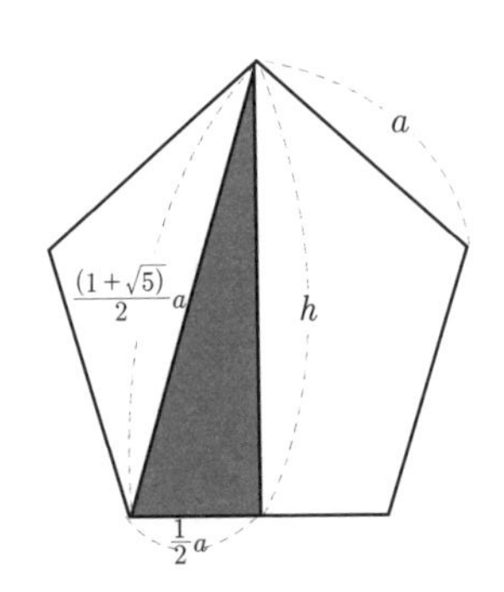

왼쪽 아래의 색칠한 직각삼각형에서 피타고라스의 정리가 떠오를 것이다. 정오각형의 꼭짓점에서 수선을 내리면 밑변의 길이는 $\frac{1}{2}a$인 직각삼각형을 확인할 수 있다. 따라서 정오각형의 높이 $h=\sqrt{\left\{\frac{(1+\sqrt{5})}{2}a\right\}^2-\left(\frac{1}{2}a\right)^2}=\frac{\sqrt{5+2\sqrt{5}}}{2}a$이다.

예제 한 변의 길이가 2인 정오각형의 높이를 구하시오.

3 타원의 넓이 공식

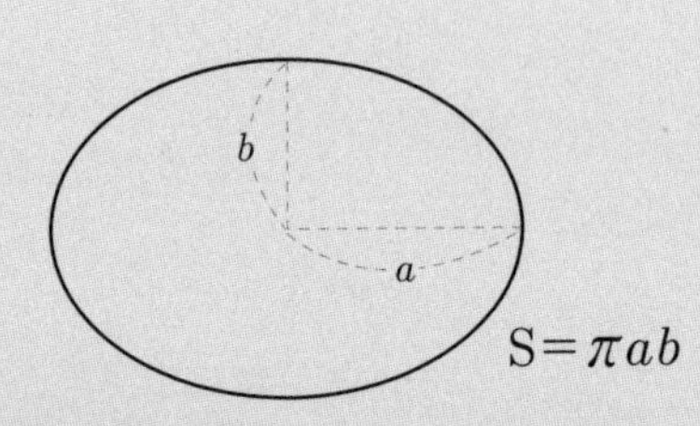

(S : 타원의 넓이, a : 긴반지름, b : 짧은반지름)

정리

원과 타원의 차이점은 원은 반지름의 길이가 일정하지만 타원은 긴반지름과 짧은반지름을 갖는다. 긴반지름과 짧은반지름의 길이의 2배를 각각 장축과 단축으로 부른다. 타원의 넓이를 구하는 방법 중에서 적분법을 이용하지 않고도 간단하게 증명하는 방법은 다음과 같다.

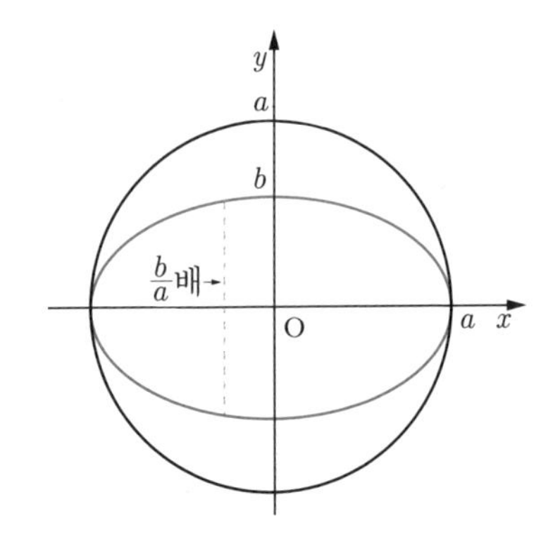

왼쪽 아래의 그림은 원과 타원의 그림을 나타내는데 y축의 원의 반지름인 a를 $\frac{b}{a}$만큼 줄이면 타원이 되는 것을 나타낸다. 따라서 타원의 넓이는 '원의 넓이$\times \frac{b}{a}$'로 $\pi a^2 \times \frac{b}{a} = \pi ab$로 구할 수 있다.

예제 타원의 장축의 길이가 6, 단축의 길이가 4일 때 넓이를 구하시오.

4 오차율 공식

공식

$$\text{오차율}(\%) = \frac{|\text{측정값} - \text{이론값}|}{\text{이론값}} \times 100$$

정리

오차율은 이론값과 측정값을 비교하여 측정값이 유효한지 평가하는 데 사용한다.

이론값은 참값으로 정확한 값이다. 눈으로 어떤 물체나 사람의 숫자를 셀 때 어림을 하는 것은 이론값이 아니다. 이론값은 정확하게 세는 값이다.

측정값은 근삿값으로 오차가 있다. 그래서 어림하는 경우가 많다.

이론값과 측정값이 일치하는 경우도 있다. 이럴 때에는 오차가 없는 것이다.

오차율 공식은 측정값과 이론값 차의 절대값을 이론값으로 나눈 것에 100을 곱한 것이다.

따라서 공식은 $오차율(\%) = \frac{|측정값-이론값|}{이론값} \times 100$이다.

예제 아파트 입주민 회의에 100명이 모였다고 관측상으로 예상했는데, 실제로는 89명이 모였다. 오차율을 소수점 아래 둘째 자릿수까지 구하시오.

5 상대오차 공식

공식

$$상대오차(\%) = \frac{절대오차}{참값} \times 100 = \frac{|근삿값-참값|}{참값} \times 100$$

정리

상대오차는 절대오차를 참값으로 나눈 것에 100을 곱하여 구한다. 절대오차는 |근삿값 − 참값| 으로 구한다.

예제 200(m)의 도로를 재다가 25(cm)의 오차가 발생한 경우를 (A), 100(cm)의 노끈의 길이를 재다가 15(mm)의 오차가 발생한 경우를 (B)로 하면 (A)와 (B) 중에서 어느 것이 상대오차가 더 큰지 답하시오.

6 삼차방정식의 근의 공식

공식

$ax^3+bx^2+cx+d=0\ (a\neq 0)$ 의 세 근이 x_1, x_2, x_3이면

$$x_1=-\frac{b}{3a}-\frac{1}{3a}\sqrt[3]{\frac{1}{2}\left[2b^3-9abc+27a^2d+\sqrt{(2b^3-9abc+27a^2d)^2-4(b^2-3ac)^3}\right]}$$

$$-\frac{1}{3a}\sqrt[3]{\frac{1}{2}\left[2b^3-9abc+27a^2d-\sqrt{(2b^3-9abc+27a^2d)^2-4(b^2-3ac)^3}\right]}$$

$$x_2=-\frac{b}{3a}+\frac{1+i\sqrt{3}}{6a}\sqrt[3]{\frac{1}{2}\left[2b^3-9abc+27a^2d+\sqrt{(2b^3-9abc+27a^2d)^2-4(b^2-3ac)^3}\right]}$$

$$+\frac{1-i\sqrt{3}}{6a}\sqrt[3]{\frac{1}{2}\left[2b^3-9abc+27a^2d-\sqrt{(2b^3-9abc+27a^2d)^2-4(b^2-3ac)^3}\right]}$$

$$x_3=-\frac{b}{3a}+\frac{1-i\sqrt{3}}{6a}\sqrt[3]{\frac{1}{2}\left[2b^3-9abc+27a^2d+\sqrt{(2b^3-9abc+27a^2d)^2-4(b^2-3ac)^3}\right]}$$

$$+\frac{1+i\sqrt{3}}{6a}\sqrt[3]{\frac{1}{2}\left[2b^3-9abc+27a^2d-\sqrt{2b^3-9abc+27a^2d)^2-4(b^2-3ac)^3}\right]}$$

정리

삼차방정식의 근의 공식은 암기하기에는 매우 복잡하다. 여러분이 고등학교 수학에서 배우는 삼차방정식의 근의 풀이법은 인수분해, 인수정리, 조립제법, 치환 등으로 풀 수 있는 문제들만 접하기 때문에 삼차방정식의 근의 공식을 외울 필요는 없다. 다만 삼차방정식도 근의 공식이 있다는 것을 경험하는 것도 필요하다. $ax^3+bx^2+cx+d=0$에서 a, b, c, d를 왼쪽의 근의 공식에 대입하면 시간이 많이 걸리지만 풀 수 있다.

예를 들어 $2x^3+x^2-9x+4=0$에서 $a=2$, $b=1$, $c=-9$, $d=4$를 대입하면 3개의 근 $\frac{1}{2}$, $\frac{-1-\sqrt{17}}{2}$, $\frac{-1+\sqrt{17}}{2}$이다.

7 역함수 공식

공식

(1) $(f^{-1})^{-1}=f$

(2) $(g\circ f)^{-1}=f^{-1}\circ g^{-1}$

정리

역함수는 정의역과 치역을 서로 바꾸어 만든 함수이며 일대일 대응에서만 성립한다. (1)은 역함수의 역함수는 원래함수 $f(x)$라는 것을 의미한다. (2)는 그림을 통해 알 수 있다.

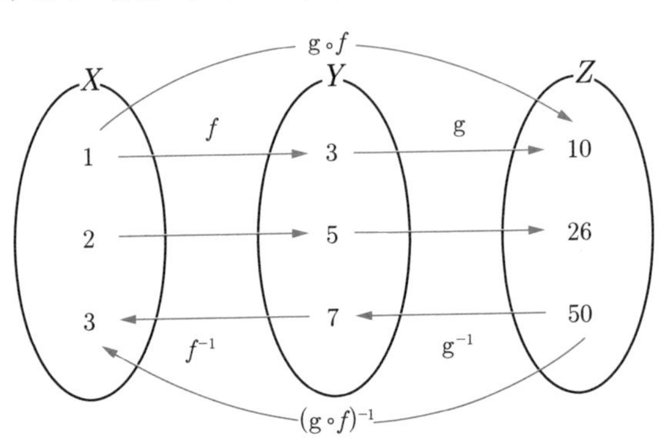

$f(x)=2x+1$, $g(x)=x^2+1$이면 그림처럼 대응관계를 나타낼 수 있다. 예를 들어 $g \circ f(1)=10$, $(g \circ f)^{-1}(10)=1$이다. (2)의 공식이 성립하려면 $(g \circ f)^{-1}$와 $f^{-1} \circ g^{-1}$이 서로 같으면 된다. 집합 Z의 원소 50은 g^{-1}와 f^{-1}의 합성함수로 $f^{-1} \circ g^{-1}(50)$이 집합 X의 원소 3이다. 화살표에서 보다시피 $(g \circ f)^{-1}(50)=3$이다. 따라서 공식은 성립한다.

예제 $f(x)=-x+7$, $g(x)=x^3$의 대응관계에 따라 빈 칸의 원소를 숫자로 채우고, $(g \circ f)^{-1}(z)=9$를 만족하는 z값을 구하시오,

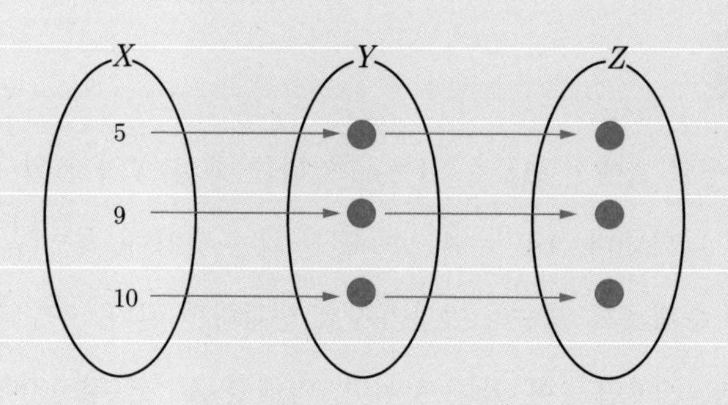

8 역행렬 공식

공식

행렬 $A=\begin{pmatrix} a & b \\ c & d \end{pmatrix}$에서 역행렬 $A^{-1}=\frac{1}{ad-bc}\begin{pmatrix} d & -b \\ -c & a \end{pmatrix}$

(단, $ad-\mathrm{bc}\neq 0$)

정리

정사각행렬 A에서 $AX=XA=E$가 되는 행렬 X가 A의 역행렬이며 A^{-1}로 나타낸다. $AA^{-1}=A^{-1}A=E$가 되는 것이다. $E=\begin{pmatrix} 1 & 0 \\ 0 & 1 \end{pmatrix}$이다. 역행렬은 수체계의 역수와 마찬가지로 생각하면 된다. 3의 역수는 $\frac{1}{3}$이다. 서로 곱하면 1이 되는 것이다. 역행렬 A^{-1}도 정사각행렬 A와 곱하면 단위행렬 E가 된다.

예를 들어 행렬 $A=\begin{pmatrix} 3 & 5 \\ 2 & 4 \end{pmatrix}$로 하자.

$A^{-1}=\frac{1}{3\cdot 4-5\cdot 2}\begin{pmatrix} 4 & -5 \\ -2 & 3 \end{pmatrix}=\begin{pmatrix} 2 & -\frac{5}{2} \\ -1 & \frac{3}{2} \end{pmatrix}$ 이다.

예제 행렬 $A=\begin{pmatrix} -1 & 1 \\ 8 & -9 \end{pmatrix}$일 때 역행렬 A^{-1}을 구하시오.

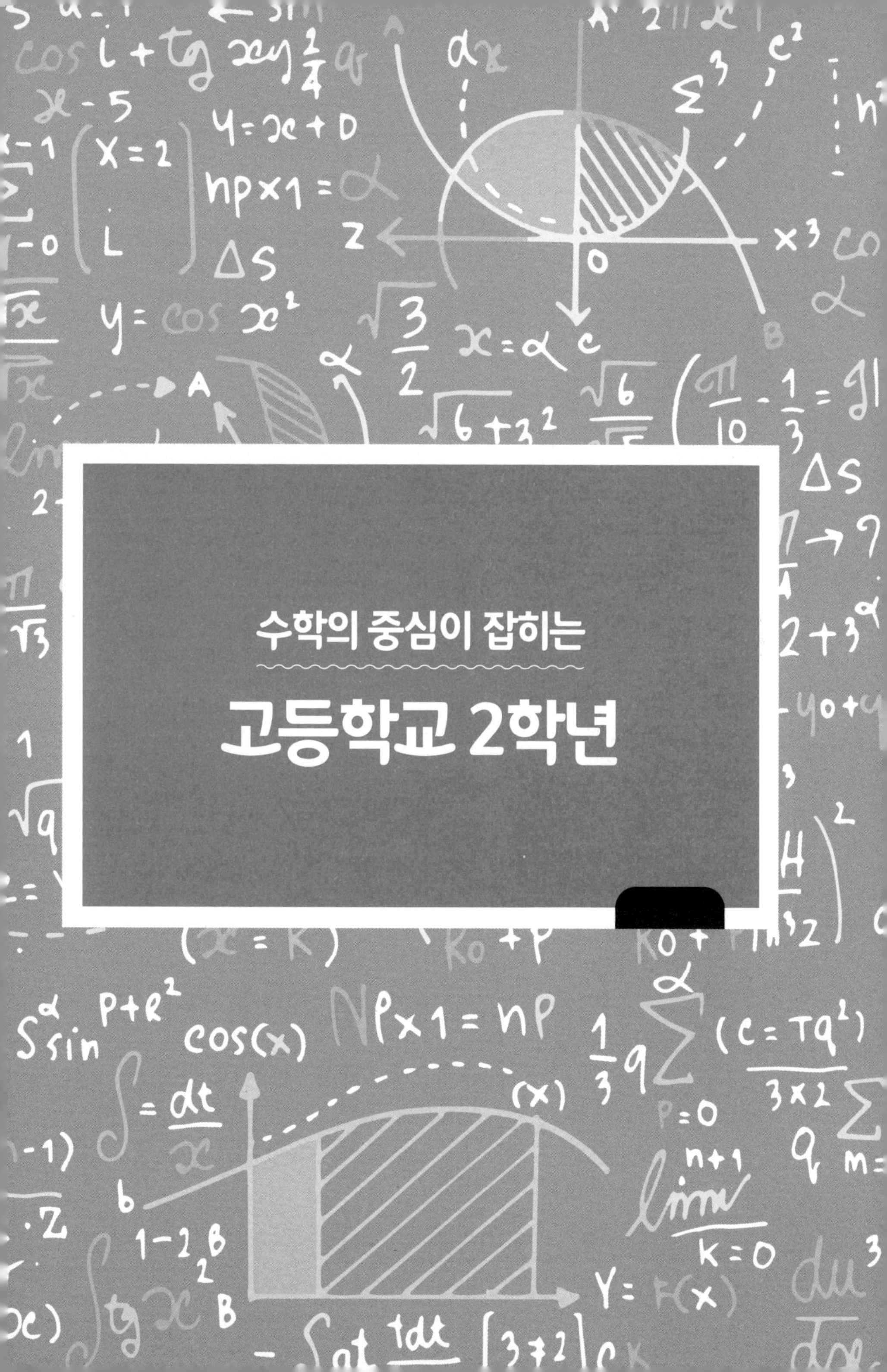

수학의 중심이 잡히는

고등학교 2학년

9 오일러 공식

공식

$$e^{ix} = \cos x + i\sin x$$

정리

오일러 공식은 지수함수와 삼각함수의 조합으로 만들어진 복소평면의 세계에서 성립하는 공식이다. e^{ix}는 복소평면 단위원(반지름이 1인 원) 둘레 위의 점을 의미한다. x는 e^{ix}와 원점 O를 이은 선이 실수축과 이루는 각을 호도법으로 나타낸 것이다.

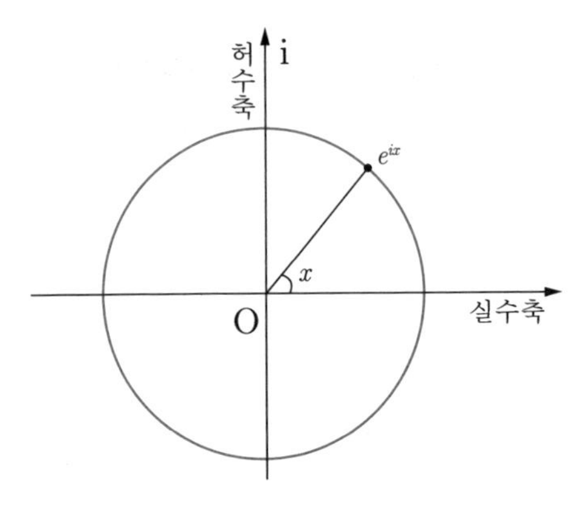

오일러의 공식은 맥클로린 급수로 증명이 된다.

$$
\begin{aligned}
e^{ix} &= 1 + \frac{ix}{1} + \frac{(ix)^2}{2!} + \frac{(ix)^3}{3!} + \frac{(ix)^4}{4!} + \frac{(ix)^5}{5!} \cdots \\
&= \underbrace{\left(1 - \frac{x^2}{2!} + \frac{x^4}{4!} - \cdots\right)}_{=\cos x} + i\underbrace{\left(x - \frac{x^3}{3!} + \frac{x^5}{5!} \cdots\right)}_{=\sin x} \\
&= \cos x + i \sin x
\end{aligned}
$$

오일러의 공식은 지금도 중요한 공식으로, 물리학과 공학에도 큰 영향을 주고 있다. 양자역학 분야에서도 절대 필요한 공식이다.

10 오일러의 항등식

공식

$$e^{i\pi}+1=0$$

정리

오일러의 항등식은 오일러의 공식에서 x에 π를 대입하여 만든 공식으로 자연상수 e와 허수 i, 원주율 π, 0과 1이 한데 모인 것이다. 양자역학 분야에 선구적 업적을 남기고 노벨 물리학상을 수상한 리처드 파인만은 오일러의 항등식을 인류의 보배라고 극찬하며 세상에서 가장 아름다운 수학 공식으로 불렀다.

수학자들은 왜 오일러 항등식을 세상에서 가장 아름다운 공식이라고 할까?

오일러 항등식은 수학에서 가장 중요한 자연상수인 e, 허수 i, 원주율 π, 가장 작은 자연수인 1, 양수도 음수도 아닌 숫자 0이 모두 들어간 위대한 공식이다. 단순해 보일 수 있는 이 다섯 개의 숫자는 사실 수학이 집결된 것이다.

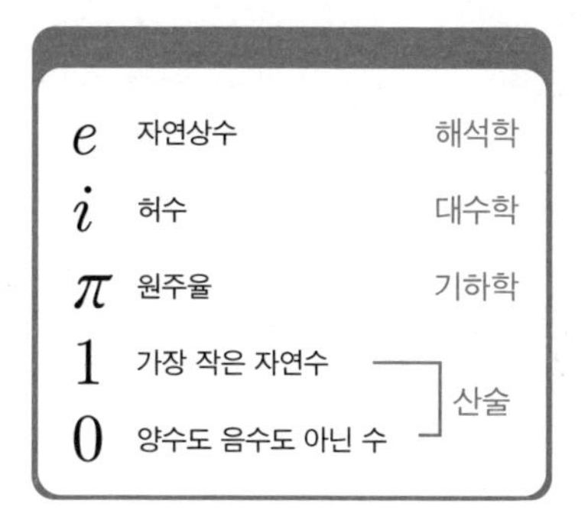

또한 0과 1은 산술을, i는 대수학을, π는 기하학을, e는 해석학의 범주에 속하는 수학의 숫자와 기호이다.

11 외접원과 삼각형의 넓이 공식

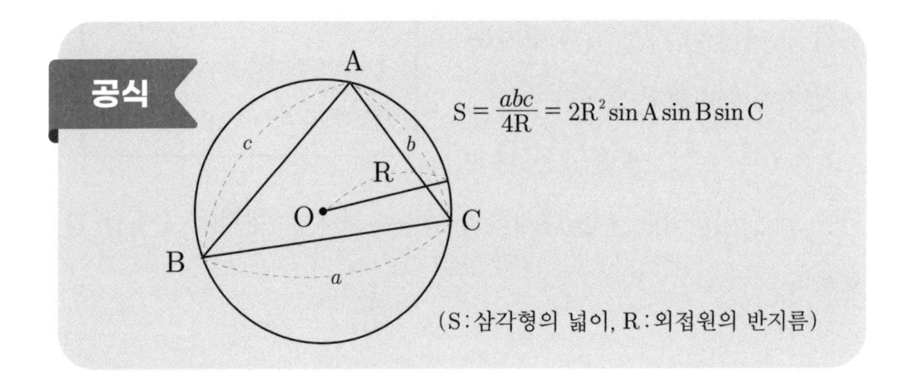

정리

외접원 안에 삼각형 ABC가 있을 때 삼각형의 넓이를 구하는 공식은 $S = \frac{abc}{4R} = 2R^2 \sin A \sin B \sin C$이다. 이 공식은 삼각형의 두변의 길이와 끼인각으로 넓이를 구하는 공식과 사인법칙을 이용하면 증명할 수 있다.

삼각형 ABC의 넓이 $S = \frac{1}{2} bc \sin A$

$\frac{a}{\sin A} = 2R$을 $\sin A = \frac{a}{2R}$로

바꾸어 대입하면

$$= \frac{1}{2} bc \times \left(\frac{a}{2R} \right)$$

$$= \frac{abc}{4R}$$

즉 삼각형 ABC의 넓이는 세 변의 길이와 외접원의 반지름의 길이를 안다면 구할 수 있다. 또한 세 각의 크기와 외접원의 반지름의 길이로도 삼각형 ABC의 넓이를 구할 수 있는데, 이것도 유도한 공식에서 사인법칙을 변형하여 나타낼 수 있다.

$$S=\frac{abc}{4R}$$

$\frac{a}{\sin A}=\frac{b}{\sin B}=\frac{c}{\sin C}=2R$을 $a=2R\sin A$, $b=2R\sin B$, $c=2R\sin C$로 변형하여 대입하면

$$=\frac{2R\sin A\cdot 2R\sin B\cdot 2R\sin C}{4R}$$

$$=2R^2\sin A\sin B\sin C$$

예제 정삼각형 ABC는 한 변의 길이가 2이고, 넓이가 $\sqrt{3}$이다. 외접원의 반지름 R의 길이를 구하시오.

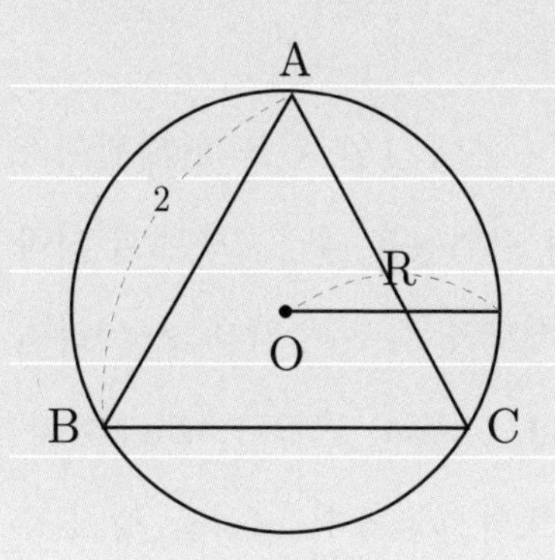

12 삼각함수의 제곱 공식

공식

(1) $\sin^2\alpha+\cos^2\alpha=1$

(2) $1+\tan^2\alpha=\sec^2\alpha$

(3) $1+\cot^2\alpha=\csc^2\alpha$

정리

삼각함수의 제곱 공식은 (1)번을 알면 (2), (3)번은 유도할 수 있는 공식이다. 그리고 (1)은 피타고라스의 정리만큼이나 삼각함수에서 자주 나타나는 공식이며 피타고라스의 정리로 증명되는 공식이기도 하다.

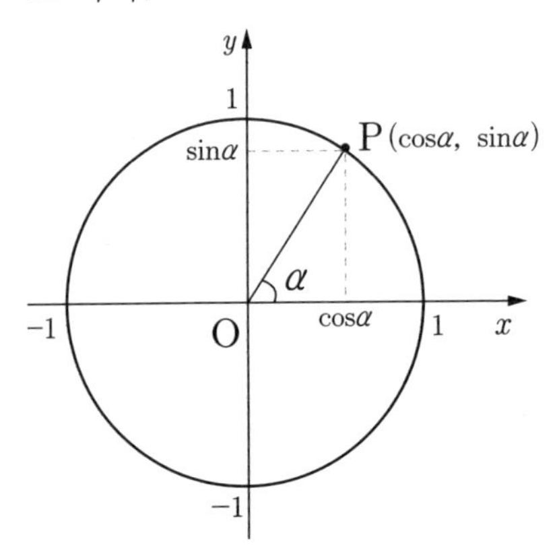

반지름이 1인 원을 단위원이라 하며 단위원을 따라 x축에서 시작한 각도와 이루는 각을 α로 하면 x좌표는 $\cos\alpha$, y좌표는 $\sin\alpha$이다. x좌표와 y좌표의 교점을 점 P로 하면 직각삼각형이 만들어진다.

이때 피타고라스의 정리에 따라 $\sin^2\alpha + \cos^2\alpha = 1$이 성립한다.

(2)는 (1)의 식을 양 변에 $\cos^2\alpha$로, (3)은 (1)의 식을 양 변에 $\sin^2\alpha$로 나눈 항등식이다.

예제 $0 < \alpha < \frac{\pi}{2}$에서 $\sin\alpha = \frac{1}{3}$이면 $\cos\alpha$의 값을 구하시오.

13 삼각함수 변환 공식

공식

(1) $\sin\alpha = \sqrt{1-\cos^2\alpha} = \dfrac{\tan\alpha}{\sqrt{1+\tan^2\alpha}}$

(2) $\cos\alpha = \sqrt{1-\sin^2\alpha} = \dfrac{1}{\sqrt{1+\tan^2\alpha}}$

(3) $\tan\alpha = \dfrac{\sin\alpha}{\sqrt{1-\sin^2\alpha}} = \dfrac{\sqrt{1-\cos^2\alpha}}{\cos\alpha}$

정리

삼각함수 변환 공식은 $\sin^2\alpha+\cos^2\alpha=1$과 유도되는 $1+\tan^2\alpha=\sec^2\alpha$를 이용하여 식을 변환하는 공식이다. α는 제1사분면의 각이다.

14 제1 코사인법칙

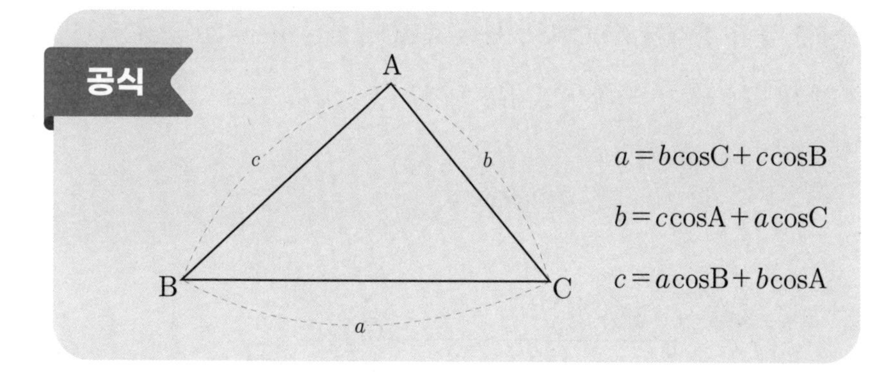

$a = b\cos C + c\cos B$

$b = c\cos A + a\cos C$

$c = a\cos B + b\cos A$

정리

삼각형에서 세 내각의 크기를 모두 알고 두 변의 길이를 알면 나머지 한 변의 길이를 구할 수 있는 법칙이다. 제1코사인법칙을 유도하는 증명과정은 다음과 같다.

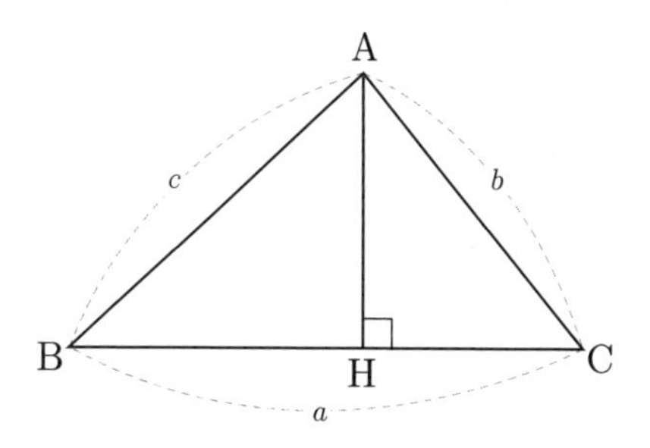

삼각형 ABC에서 점 A에서 $\overline{\mathrm{BC}}$에 내린 수선의 발을 점 H로 놓는다.

삼각형 ABH에서 $\cos B = \dfrac{\overline{\mathrm{BH}}}{c}$를 $\overline{\mathrm{BH}} = c\cos B$ …………①

삼각형 ACH에서 $\overline{\mathrm{HC}} = b\cos C$ …………②

$\overline{BC}=\overline{BH}+\overline{HC}$이므로 ①과 ②에 의해 $a=\text{ccosB}+\text{bcosC}$

$\therefore a=\text{bcosC}+\text{ccosB}$

예를 들어 삼각형 ABC에서 $\overline{AB}=3$, $\overline{AC}=\sqrt{6}$, $\angle B=30°$, $\angle C=45°$이면 $\overline{BC}$를 구하는 문제가 있다고 하자.

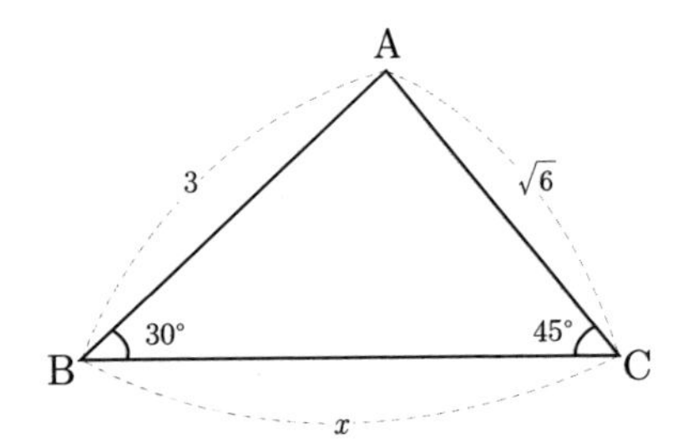

그러면 $x=3\cos 30°+\sqrt{6}\times\cos 45°=\dfrac{5\sqrt{3}}{2}$이다.

예제 둔각삼각형 ABC에서 두 각과 두 변의 길이가 그림처럼 주어졌을 때 x의 값을 구하시오.

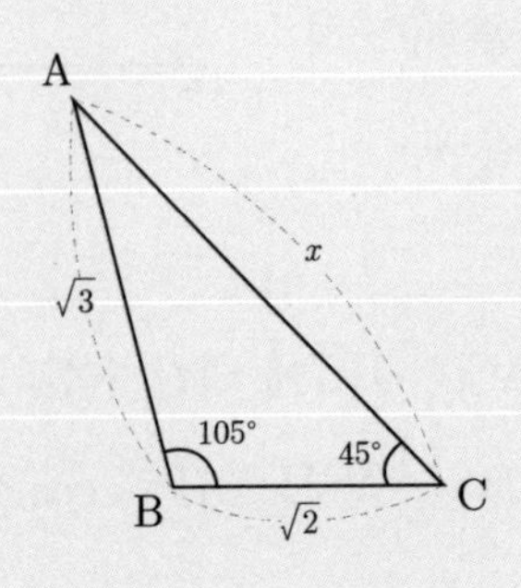

15 제2 코사인법칙

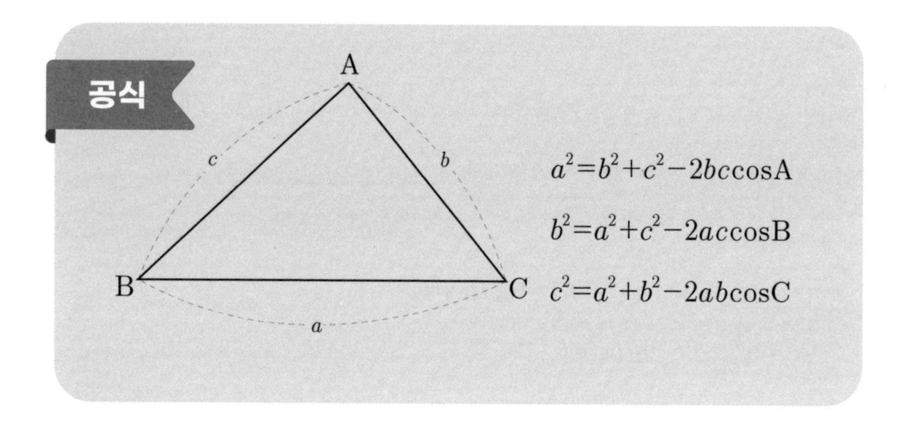

정리

제2코사인법칙은 삼각형의 두 변의 길이와 사잇각을 알 때 다른 각을 구하거나 세 변의 길이를 알 때 각을 구할 수 있다. 증명과정은 제1코사인법칙을 이용한다.

$a=b\cos C+c\cos B$ ······①

$b=c\cos A+a\cos C$ ······②

$c=a\cos B+b\cos A$ ······③

①$\times a$, ②$\times b$, ③$\times c$를 각각 하면

$a^2 = ab\cos C + ac\cos B \cdots\cdots ④$

$b^2 = bc\cos A + ab\cos C \cdots\cdots ⑤$

$c^2 = ac\cos B + bc\cos A \cdots\cdots ⑥$

④+⑤를 하면 $a^2 + b^2 = ab\cos C + ac\cos B + bc\cos A + ab\cos C$

$= 2ab\cos C + \underline{ac\cos B + bc\cos A}$

$= c^2 (= ⑥)$

$= c^2 + 2ab\cos C$

$\therefore\ c^2 = a^2 + b^2 - 2ab\cos C$

제2코사인법칙 나머지 2개도 같은 방법으로 증명된다. 예를 들어 삼각형 ABC가 두 변과 사잇각이 주어질 때 나머지 한 변의 길이를 구하는 문제가 있다면 다음처럼 구할 수 있다.

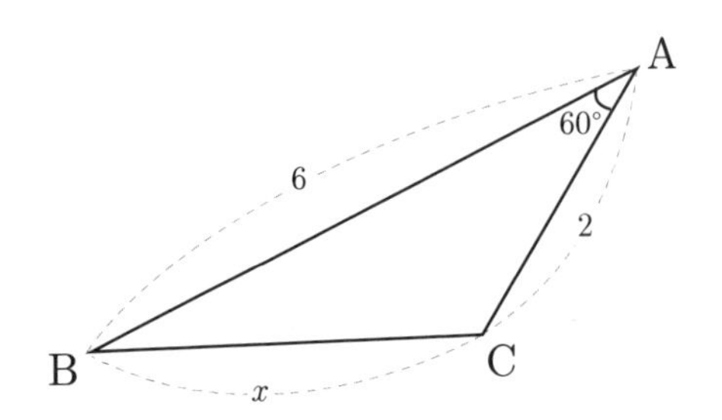

제2코사인법칙에 따라 $x^2=6^2+2^2-2\times6\times2\cos60^\circ$ 로 식을 세우고 풀면 $x=2\sqrt{7}$ 이다.

예제 이등변삼각형 ABC의 세 변이 다음 그림과 같을 때 꼭지각의 크기를 구하시오.

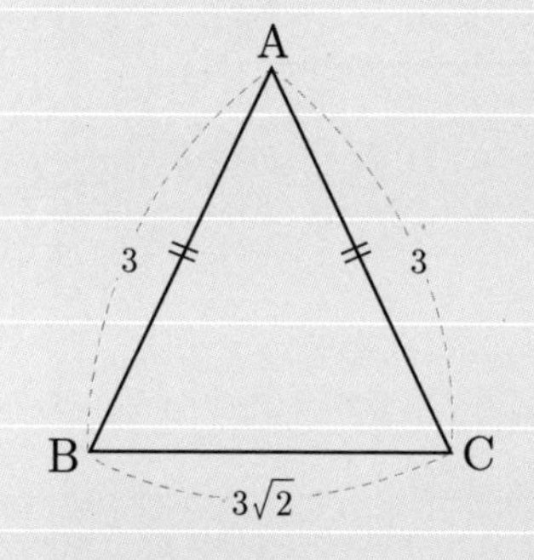

16 탄젠트 법칙

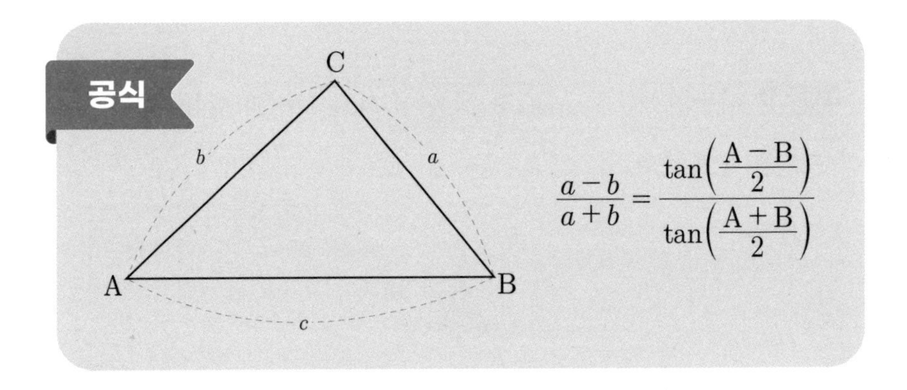

정리

탄젠트 법칙은 사인법칙과 코사인법칙에 비해서는 널리 알려진 공식은 아니다. 그러나 탄젠트에 관한 성질을 나타내는 법칙인 만큼 알아둘 필요는 있다. 증명과정은 다음과 같다.

$$\frac{a-b}{a+b}$$

사인법칙 $\frac{a}{\sin A}=\frac{b}{\sin B}=\frac{c}{\sin C}=2R$ 을 이용하여

$a=2R\sin A$, $b=2R\sin B$를 대입하면

$$=\frac{2R(\sin A-\sin B)}{2R(\sin A+\sin B)}$$

2R을 약분하면

$$\frac{\sin A - \sin B}{\sin A + \sin B}$$

삼각함수의 덧셈정리를 이용하면

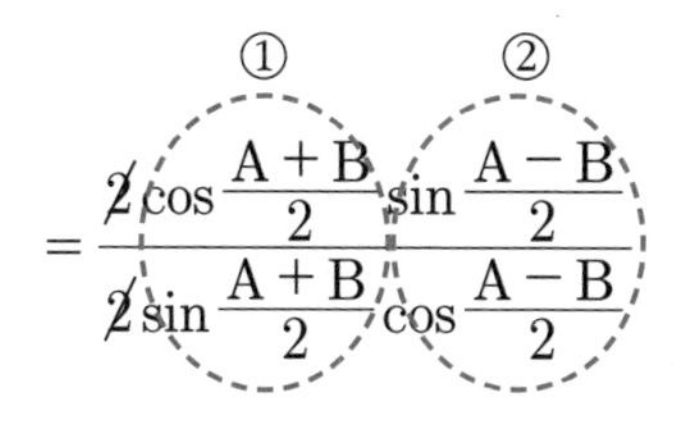

$$= \frac{2\cos\frac{A+B}{2}\sin\frac{A-B}{2}}{2\sin\frac{A+B}{2}\cos\frac{A-B}{2}}$$

분모와 분자의 2는 약분하고 ①은 $\frac{1}{\tan\left(\frac{A+B}{2}\right)}$로 ②는 $\tan\left(\frac{A-B}{2}\right)$로 바꾸면

$$= \frac{\tan\left(\frac{A-B}{2}\right)}{\tan\left(\frac{A+B}{2}\right)}$$

예를 들어 직각삼각형 CAB가 있다. 탄젠트 공식을 이용하여 ∠A− ∠B를 구해보자.

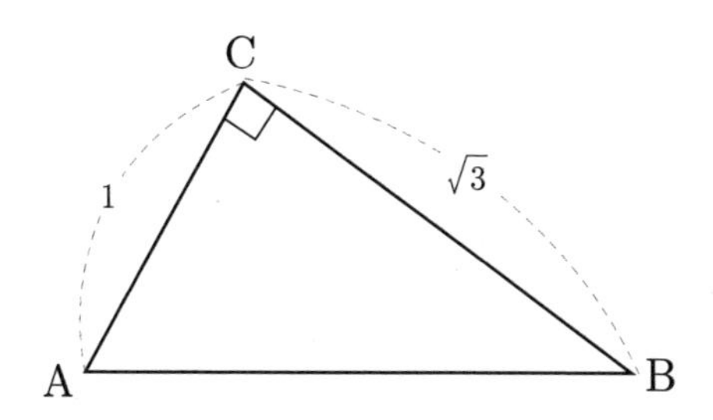

탄젠트 공식 $\frac{a-b}{a+b}=\frac{\tan\left(\frac{A-B}{2}\right)}{\tan\left(\frac{A+B}{2}\right)}$을 이용하기 위해 a를 $\sqrt{3}$, b를 1로 정하고 A+B= $\frac{\pi}{2}$인 것을 이미 알고 있다. 공식에 대입하면

$\frac{\sqrt{3}-1}{\sqrt{3}+1}=\frac{\tan\left(\frac{A-B}{2}\right)}{\tan\left(\frac{\pi}{4}\right)}$이 된다. $\tan\frac{\pi}{4}$는 1이고 식을 정리하면 $\tan\left(\frac{A-B}{2}\right)=2-\sqrt{3}$이다.

$\tan\left(\frac{A-B}{2}\right)=2-\sqrt{3}$의 값을 만족하는 $\frac{A-B}{2}$를 삼각함수의 공식으로는 구할 수 없다. 그래서 $\frac{A-B}{2}=\frac{\pi}{12}$임을 미리 알려준다. A−B= $\frac{\pi}{6}$이다.

A+B와 A−B의 값을 알았으니 $\angle A=\frac{\pi}{3}$, $\angle B=\frac{\pi}{6}$인 것을 연립방정식으로 구할 수 있다.

혹시 여러분 중에서는 위의 직각삼각형이 피타고라스의 정리 중 가장 대표적인 직각삼각형인 것을 알아차렸을 수도 있다. 빗변:밑변:높이 $=2:1:\sqrt{3}$이다. 따라서 문제를 통해 확인한 것이며, 탄젠트의 법칙으로도 각도의 차를 구할 수 있는 것을 보여준 예가 된다.

예제 다음 삼각형을 탄젠트 법칙을 이용하여 꼭지각 $\angle C$를 제외한 나머지 두 각을 구하시오.(단, $\tan x=\frac{\sqrt{3}}{5}$을 만족하는 $\angle x=19°$로 계산한다.)

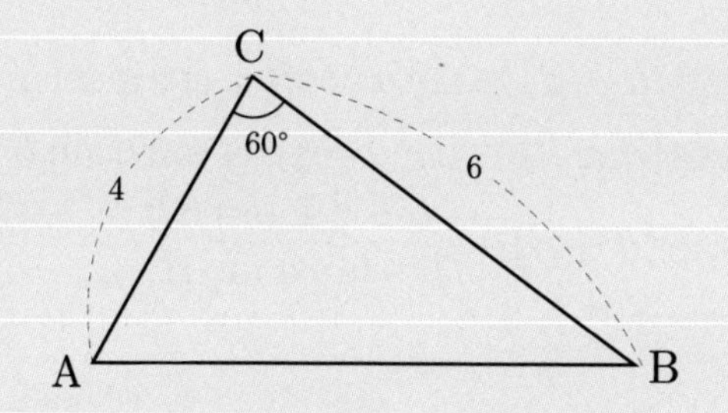

17 삼각함수의 덧셈정리

공식

$$\sin(\alpha \pm \beta) = \sin\alpha\cos\beta \pm \cos\alpha\sin\beta$$

$$\cos(\alpha \pm \beta) = \cos\alpha\cos\beta \mp \sin\alpha\sin\beta$$

$$\tan(\alpha \pm \beta) = \frac{\tan\alpha \pm \tan\beta}{1 \mp \tan\alpha\tan\beta}$$

정리

삼각함수의 덧셈정리는 삼각함수를 시작할 때 제일 먼저 알아야 할 공식이다. 삼각함수의 덧셈정리로 배각공식과 반각공식도 유도한다.

예제 α와 β가 예각이면 $\sin\alpha = \frac{1}{3}, \sin\beta = \frac{3}{4}$ 이면 $\cos(\alpha - \beta)$의 값을 구하시오.

18 특수각 삼각함수 공식

공식

60분법	$0°$	$15°$	$30°$	$45°$	$60°$	$75°$	$90°$
호도법	0	$\frac{\pi}{12}$	$\frac{\pi}{6}$	$\frac{\pi}{4}$	$\frac{\pi}{3}$	$\frac{5\pi}{12}$	$\frac{\pi}{2}$
sin	0	$\frac{\sqrt{6}-\sqrt{2}}{4}$	$\frac{1}{2}$	$\frac{\sqrt{2}}{2}$	$\frac{\sqrt{3}}{2}$	$\frac{\sqrt{6}+\sqrt{2}}{4}$	1
cos	1	$\frac{\sqrt{6}+\sqrt{2}}{4}$	$\frac{\sqrt{3}}{2}$	$\frac{\sqrt{2}}{2}$	$\frac{1}{2}$	$\frac{\sqrt{6}-\sqrt{2}}{4}$	0
tan	0	$2-\sqrt{3}$	$\frac{\sqrt{3}}{3}$	1	$\sqrt{3}$	$2+\sqrt{3}$	∞

정리

특수각 삼각함수의 공식 중 60분법에서 삼각함수의 각도인 $0°$, $30°$, $45°$, $60°$, $90°$는 이미 알고 있다. 그러나 $15°$와 $75°$에 대해서는 쉽게 잊게 되는데 만약 잊었다면 삼각함수의 덧셈정리로 유도하면 구할 수 있다.

예를 들어 $\sin 75^\circ$는 $\sin(30^\circ+45^\circ)$로, 삼각함수의 덧셈정리로 구할 수 있다. $\sin 75^\circ=\sin(30^\circ+45^\circ)=\sin 30^\circ\cos 45^\circ+\cos 30^\circ\sin 45^\circ$ $=\frac{1}{2}\times\frac{\sqrt{2}}{2}+\frac{\sqrt{3}}{2}\times\frac{\sqrt{2}}{2}=\frac{\sqrt{6}+\sqrt{2}}{4}$이다. 삼각함수의 덧셈정리 공식을 기억한다면 왼쪽의 도표를 완성할 수 있다.

예제 $\tan 75^\circ$ 값을 삼각함수 덧셈정리로 구하시오.

19 삼각함수의 합성 공식

공식

(1) $a\sin x + b\cos x = \sqrt{a^2+b^2}\sin(x+\alpha)$

(단, $\cos\alpha = \frac{a}{\sqrt{a^2+b^2}}, \sin\alpha = \frac{b}{\sqrt{a^2+b^2}}$)

(2) $a\sin x + b\cos x = \sqrt{a^2+b^2}\cos(x-\beta)$

(단, $\cos\beta = \frac{b}{\sqrt{a^2+b^2}}, \sin\beta = \frac{a}{\sqrt{a^2+b^2}}$)

정리

삼각함수의 합성 공식은 삼각함수의 덧셈정리로 증명할 수 있다.

$$a\sin x + b\cos x = \sqrt{a^2+b^2}\left(\frac{a}{\sqrt{a^2+b^2}}\sin x + \frac{b}{\sqrt{a^2+b^2}}\cos x\right)$$

$\cos\alpha = \frac{a}{\sqrt{a^2+b^2}}, \sin\alpha = \frac{b}{\sqrt{a^2+b^2}}$이므로

$$= \sqrt{a^2+b^2}(\cos\alpha\sin x + \sin\alpha\cos x)$$

사인함수의 덧셈정리를 역이용하면

$$= \sqrt{a^2+b^2}\sin(x+\alpha)$$

위의 증명에서 $\cos\alpha = \frac{a}{\sqrt{a^2+b^2}}, \sin\alpha = \frac{b}{\sqrt{a^2+b^2}}$ 인 이유는 다음 〈그림 A〉를 보면 알 수 있다.

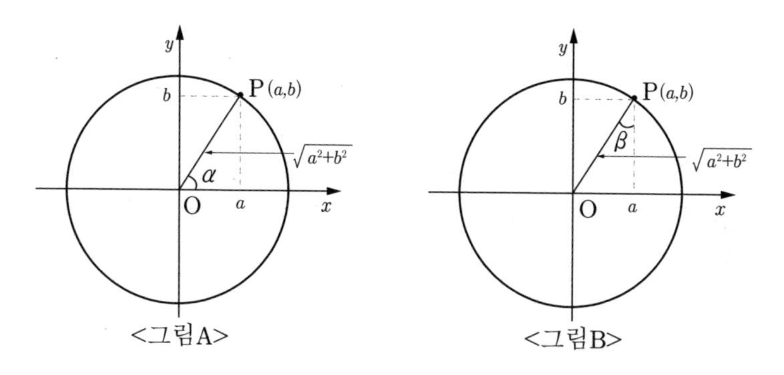

<그림A> <그림B>

〈그림B〉에는 $\sin\beta = \dfrac{a}{\sqrt{a^2+b^2}}$, $\cos\beta = \dfrac{b}{\sqrt{a^2+b^2}}$인 것을 알 수 있다. 이것을 이용하여 증명하면 다음과 같다.

$$
\begin{aligned}
& a\sin x + b\cos x \\
&= \sqrt{a^2+b^2}\left(\frac{a}{\sqrt{a^2+b^2}}\sin x + \frac{b}{\sqrt{a^2+b^2}}\cos x\right) \\
&= \sqrt{a^2+b^2}\,(\sin\beta\sin x + \cos\beta\cos x) \\
&= \sqrt{a^2+b^2}\,(\cos x\cos\beta + \sin x\sin\beta)
\end{aligned}
$$

코사인 함수의 덧셈정리를 역이용하면

$$= \sqrt{a^2+b^2}\cos(x-\beta)$$

예제 $\sqrt{3}\sin x + \cos x$를 합성함수의 형태로 바꾸시오.

20 배각 공식

공식

$$\sin 2\alpha = 2\sin\alpha\cos\alpha$$
$$\cos 2\alpha = \cos^2\alpha - \sin^2\alpha = 2\cos^2\alpha - 1 = 1 - 2\sin^2\alpha$$
$$\tan 2\alpha = \frac{2\tan\alpha}{1-\tan^2\alpha}$$

정리

삼각함수에서 각의 2배에 해당하는 공식을 배각 공식이라 한다. 사인함수의 덧셈정리에서 $\sin(\alpha+\beta) = \sin\alpha\cos\beta + \cos\alpha\sin\beta$를 보자. 여기서 β 대신 α를 대입하면 $\sin2\alpha = 2\sin\alpha\cos\alpha$가 유도된다.

$\cos(\alpha+\beta) = \cos\alpha\cos\beta - \sin\alpha\sin\beta$에서 β 대신 α를 대입하면 $\cos2\alpha = \cos^2\alpha - \sin^2\alpha = 2\cos^2\alpha - 1 = 1 - 2\sin^2\alpha$으로 유도된다. $\tan 2\alpha = \frac{2\tan\alpha}{1-\tan^2\alpha}$도 마찬가지 방법이다.

예를 들어 $\sin\alpha = \frac{2}{5}$이면 $\cos2\alpha$를 구한다면 $cos2\alpha = 1-2\sin^2\alpha$이므로 $\cos 2\alpha = 1 - 2\cdot\left(\frac{2}{5}\right)^2 = \frac{17}{25}$이다.

예제 $\tan\alpha=\frac{1}{\sqrt{3}}$일 때 $\tan 2\alpha$를 구하시오. $\left(0<\alpha<\frac{\pi}{2}\right)$

21 삼배각 공식

공식

$$\sin 3\alpha = 3\sin\alpha - 4\sin^3\alpha$$
$$\cos 3\alpha = 4\cos^3\alpha - 3\cos\alpha$$
$$\tan 3\alpha = \frac{3\tan\alpha - \tan^3\alpha}{1-3\tan^2\alpha}$$

정리

삼배각 공식도 삼각함수의 덧셈정리에 β 대신 2α를 대입하면 유도되는 공식이다. 중학교 3학년 수학의 삼각비에서 sin, cos, tan의 $0°$, $30°$, $45°$, $60°$, $90°$ 같은 특수각은 이미 알고 있을 것이다. 그러면 삼각비의 $135°$를 구하는 방법이 있다. $\sin 135°\left(\sin\frac{3}{4}\pi\right)$를 구하려면 $\sin 3\alpha = 3\sin\alpha - 4\sin^3\alpha$에서 α 대신 $45°$ 또는 $\frac{\pi}{4}$를 대입하면 구할 수 있다. 호도법으로 구하면 $\sin\frac{3\pi}{4} = 3\sin\frac{\pi}{4} - 4\sin^3\left(\frac{\pi}{4}\right) = 3\times\frac{\sqrt{2}}{2} - 4\times\left(\frac{\sqrt{2}}{2}\right)^3 = \frac{\sqrt{2}}{2}$이다.

예제 삼배각 공식을 이용하여 $\cos 135^\circ$를 구하시오.

22 반각 공식

공식

$$\sin^2\frac{\alpha}{2}=\frac{1-\cos\alpha}{2}$$

$$\cos^2\frac{\alpha}{2}=\frac{1+\cos\alpha}{2}$$

$$\tan^2\frac{\alpha}{2}=\frac{1-\cos\alpha}{1+\cos\alpha}$$

정리

반각 공식은 삼각함수의 $\frac{1}{2}$인 각을 구하는 공식으로, 코사인 함수로 이루어진 삼각함수의 적분에서 유용한 공식이다. 반각 공식을 적용하여 $0<\theta<\frac{\pi}{2}$인 조건에서 $\sin^2\frac{\theta}{2}=\frac{1}{4}$이면 $\cos\theta$의 값을 구해보자.

$\sin^2\frac{\theta}{2}=\frac{1-\cos\theta}{2}=\frac{1}{4}$이므로 $\cos\theta=\frac{1}{2}$이다.

예제 $0 < \theta < \pi$ 인 조건에서 $\cos^2\dfrac{\theta}{2} = \dfrac{1}{6}$ 이면 $\tan 2\theta$ 의 값을 구하시오.

23 삼각함수의 곱셈 공식

공식

(1) $\sin\alpha\cos\beta = \frac{1}{2}\{\sin(\alpha+\beta)+\sin(\alpha-\beta)\}$

(2) $\cos\alpha\sin\beta = \frac{1}{2}\{\sin(\alpha+\beta)-\sin(\alpha-\beta)\}$

(3) $\cos\alpha\cos\beta = \frac{1}{2}\{\cos(\alpha+\beta)+\cos(\alpha-\beta)\}$

(4) $\sin\alpha\sin\beta = -\frac{1}{2}\{\cos(\alpha+\beta)-\cos(\alpha-\beta)\}$

정리

삼각함수의 곱셈 공식은 사인함수의 덧셈정리인 $\sin(\alpha+\beta) = \sin\alpha\cos\beta + \cos\alpha\sin\beta$ 와 $\sin(\alpha-\beta) = \sin\alpha\cos\beta - \cos\alpha\sin\beta$ 의 두 식을 더하면 (1)을 유도할 수 있다. 또한 두 식을 빼면 (2)가 증명된다.

코사인 함수의 덧셈정리를 이용하면 (3), (4)도 증명할 수 있다.

예를 들어 $\cos70^\circ\sin20^\circ$ 를 계산하면,

$\cos70^\circ\sin20^\circ = \frac{1}{2}\{\sin(70^\circ+20^\circ)-\sin(70^\circ-20^\circ)\}$

$= \frac{1}{2}(1-\sin50^\circ)$ 이다.

예제 $\cos 45^\circ \cos 15^\circ$를 계산하시오.

24 삼각함수 합차 공식

공식

$$\sin A + \sin B = 2\sin\frac{A+B}{2}\cos\frac{A-B}{2}$$
$$\sin A - \sin B = 2\cos\frac{A+B}{2}\sin\frac{A-B}{2}$$
$$\cos A + \cos B = 2\cos\frac{A+B}{2}\cos\frac{A-B}{2}$$
$$\cos A - \cos B = -2\sin\frac{A+B}{2}\sin\frac{A-B}{2}$$

정리

삼각함수의 합차 공식은 62쪽 곱셈 공식에서 유도할 수 있는 공식이다.

예를 들어 $\sin 110° + \sin 10°$의 값은 삼각함수의 합차공식에 따라 $\sin 110° + \sin 10° = 2\sin\frac{110° + 10°}{2}\cos\frac{110° - 10°}{2} = 2\sin 60° \cdot \cos 50° = \sqrt{3}\cos 50°$ 이다.

예제 $\cos 80^\circ + \cos 40^\circ$를 계산하시오.

25 사인함수 공식

공식

(1) $\sin^2\alpha = \dfrac{1-\cos 2\alpha}{2}$

(2) $\sin 2\alpha = 2\sin\alpha\cos\alpha$

(3) $\sin\alpha + \sin\beta = 2\sin\dfrac{\alpha+\beta}{2}\cos\dfrac{\alpha-\beta}{2}$

(4) $\sin(\alpha \pm \beta) = \sin\alpha\cos\beta \pm \cos\alpha\sin\beta$

정리

(1)은 사인함수의 반각 공식에서 $\dfrac{\alpha}{2}$ 대신 α를 대입하여 나타낸 것이다. (2)는 사인함수의 배각공식이다. (3)은 사인함수의 합차 공식이다. (4)는 사인함수의 덧셈정리이다. 사인함수의 반각, 배각, 합차, 덧셈정리를 한데 모았다.

예제 $\sin 120°$를 배각 공식을 이용하여 푸시오.

26 코사인 함수 공식

공식

(1) $\cos^2\alpha = \dfrac{1+\cos 2\alpha}{2}$

(2) $\cos 2\alpha = \cos^2\alpha - \sin^2\alpha = 2\cos^2\alpha - 1 = 1 - 2\sin^2\alpha$

(3) $\cos\alpha + \cos\beta = 2\cos\dfrac{\alpha+\beta}{2}\cos\dfrac{\alpha-\beta}{2}$

(4) $\cos(\alpha \pm \beta) = \cos\alpha\cos\beta \mp \sin\alpha\sin\beta$

정리

(1) 코사인 함수의 반각 공식에서 $\frac{\alpha}{2}$ 대신 α를 대입하여 나타낸 것이다.

(2)는 코사인 함수의 배각 공식이다.

(3)은 코사인 함수의 합차 공식이다.

(4)는 코사인 함수의 덧셈정리이다. 코사인에 관해 반각, 배각, 합차, 덧셈정리를 한데 모았다.

예제 $\cos 15°$를 반각공식을 이용하여 푸시오.

27 탄젠트함수 공식

공식

$$(1)\ \tan(\alpha \pm \beta) = \frac{\tan\alpha \pm \tan\beta}{1 \mp \tan\alpha\tan\beta}$$

$$(2)\ \tan^2\frac{\alpha}{2} = \frac{1-\cos\alpha}{1+\cos\alpha}$$

$$(3)\ \tan 2\alpha = \frac{2\tan\alpha}{1-\tan^2\alpha}$$

정리

(1)은 탄젠트 함수의 덧셈정리, (2)는 반각 공식, (3)은 배각 공식이다.

예제 $\tan 15^{\circ}$를 반각 공식을 이용하여 푸시오.

28 정오각형의 넓이 공식

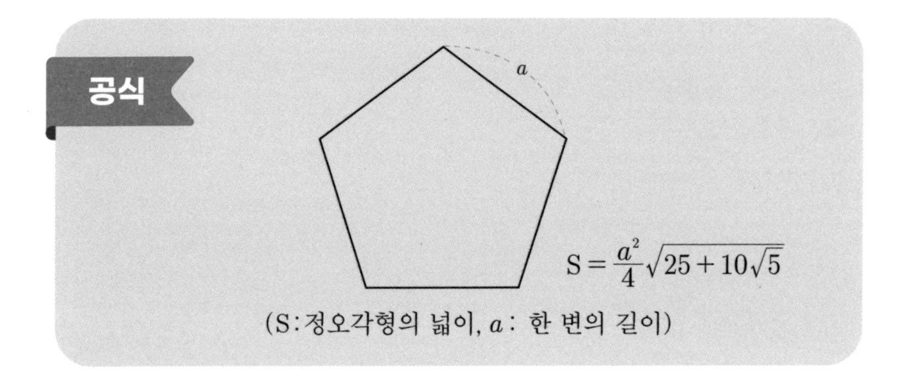

정리

정오각형의 넓이를 구하는 공식을 유도하는 방법은 여러 가지다. 그중 하나인 정다각형의 넓이 공식으로 유도해보자.

정다각형의 넓이 공식은 $S=\dfrac{na^2}{4\tan\dfrac{\pi}{n}}$이다. 정오각형의 넓이를 구하려면 분모에 있는 $\tan\dfrac{\pi}{5}$를 구해야 하는데 바로 답이 나오지 않는다. 즉 탄젠트 $36°$의 값을 탄젠트표를 참고하지 않고 계산하려면 유도해서 구해야 한다.

이 문제를 풀기 위해 원 안에 내접한 오각형을 그려서 생각하자.

정오각형은 5개의 합동인 이등변삼각형으로 나눌 수 있기 때문에 〈그림 1〉처럼 중심각이 $72°$라는 것은 알 수 있다. 그리고 〈그림 2〉처럼 원주각도 $36°$라는 것을 알 수 있다.

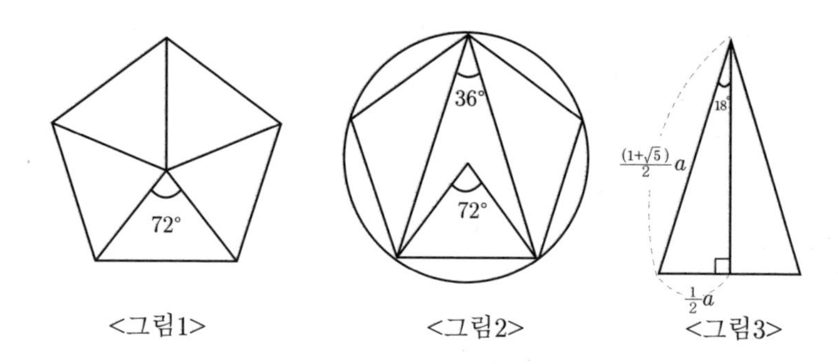

<그림1> <그림2> <그림3>

따라서 원주각과 중심각의 성질을 이용하고 직각삼각형에서 〈그림 3〉에서 사인을 이용하여 구하면 $\sin 18° = \dfrac{\sqrt{5}-1}{4}$ 이다.

cos36° 는 배각공식을 이용하여 구할 수 있다. $\cos 2\alpha = 1 - 2\sin^2\alpha$ 를 적용하는 것이다.

$\cos 36° = 1 - 2 \cdot \left(\dfrac{\sqrt{5}-1}{4}\right)^2 = \dfrac{1+\sqrt{5}}{4}$ 이다.

$\sin 36° = \sqrt{1-\cos^2 36°}$ 이므로 $\dfrac{\sqrt{10-2\sqrt{5}}}{4}$ 이고

$$\tan 36° = \frac{\sin 36°}{\cos 36°} = \frac{\dfrac{\sqrt{10-2\sqrt{5}}}{4}}{\dfrac{1+\sqrt{5}}{4}} = \frac{\sqrt{10-2\sqrt{5}}}{1+\sqrt{5}} = \sqrt{5-2\sqrt{5}}$$ 이다.

$S = \dfrac{na^2}{4\tan\dfrac{\pi}{n}}$ 에서 $n=5$, $\tan 36° = \sqrt{5-2\sqrt{5}}$ 이므로 대입하여 정리하면 $S = \dfrac{a^2}{4}\sqrt{25+10\sqrt{5}}$ 이다.

예제 한 변의 길이가 4인 정오각형의 넓이를 구하시오.

29 기수불 원리합계 공식

공식

기수불 원리합계

$$=a(1+r)+a(1+r)^2+\cdots+a(1+r)^n=\frac{a(1+r)\{(1+r)^n-1\}}{r}$$

(a : 원금, r : 복리이자율, n : 기간)

정리

기수불 원리합계는 등비수열의 합 공식을 이용하여 계산하는 방법이다. 3년 만기의 적금이 있다고 하자.

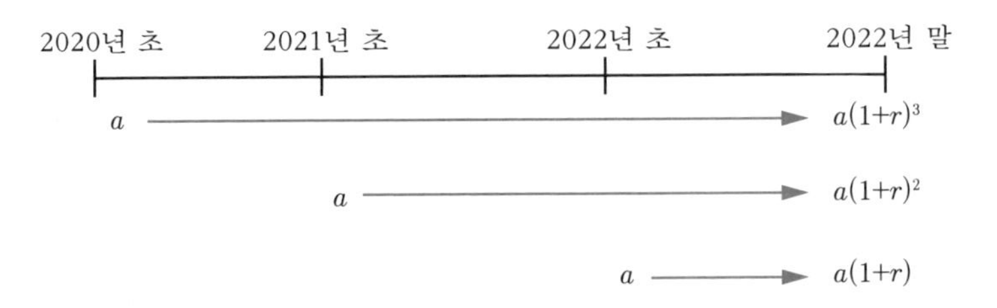

매년 초마다 a(만 원)식 적금한다면 원리합계가 $a(1+r)+a(1+r)^2+$

$a(1+r)^3$로 합계를 구하면 $\frac{a(1+r)\{(1+r)^3-1\}}{r}$이다. 따라서 n년 만기의 적금의 기수불 원리합계는 $\frac{a(1+r)\{(1+r)^n-1\}}{r}$로 구할 수 있다.

예제 아름이는 2013년 1월 1일에 연이율 10%, 1년마다 복리로 매년 초에 적립하는 적금을 가입했다. 2022년 12월 31일까지 적립한 원리합계가 4400만 원이 되려면 매년 초에 적립해야할 금액을 구하시오. (단 $1.1^{10}=2.6$으로 계산한다.)

30 기말불 원리합계 공식

공식

기말불 원리합계=

$$a+a(1+r)+\cdots\cdots+a(1+r)^{n-1}=\frac{a\{1+r)^n-1\}}{r}$$

(a : 원금, r : 복리이자율, n : 기간)

정리

기말불은 매년 말에 적립하기 때문에 마지막 연도에 적립한 금액에는 이자가 발생하지 않는다. 기말불로 원리합계를 그림으로 나타내면 다음과 같다.

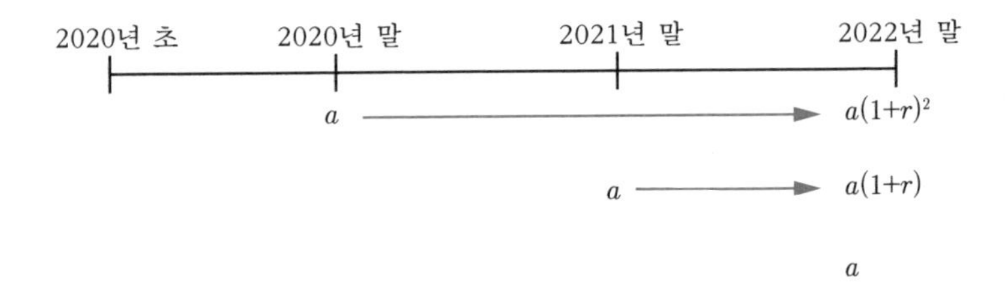

원리합계가 $a+a(1+r)+a(a+r)^2$으로 합계를 구하면 $\frac{a\{(1+r)^3-1\}}{r}$

이다. 따라서 n년 만기의 적금의 기말불 원리합계는 $\frac{a\{(1+r)^n-1\}}{r}$로 구할 수 있다. 기수불과 기말불 원리합계의 차이는 공식에서 $(1+r)$배 만큼이다.

예제 이달 초에 윤지네 집에서 200만 원의 OLED TV를 월이율 1.2%의 12개월 할부로 구입했다. 이달 말부터 12회 동안 할부를 갚는다면 매달 말에 얼마씩 금액을 갚아야 할지 계산하시오. (단, $1.012^{12}=1.15$로 계산하며 복리로 1개월마다 계산한다.)

31 증가율 공식

공식

0	1	2	……	n
a_0	a_1	a_2	……	a_n
a_0	$a_0(1+\mathrm{r})$	$a_0(1+\mathrm{r})^2$	……	$a_0(1+r)^{\mathrm{n}}$

$$r=\left(\frac{a_n}{a_0}\right)^{\frac{1}{n}}-1$$

(r : 증가율, a_0 : 시작값, a_n : 끝값)

정리

등비수열의 공식에서 유도되는 증가율 공식의 증명과정은 다음과 같다.

공비가 $(1+r)$이고 항의 개수가 $(n+1)$개인 등비수열의 일반항은

$a_n=a_0(1+r)^n$

양 변의 식을 서로 바꾸고 a_0로 양 변을 나누면

$(1+r)^n=\dfrac{a_n}{a_0}$

$(1+r)=\left(\dfrac{a_n}{a_0}\right)^{\frac{1}{n}}$

r에 관하여 정리하면

$$\therefore r = \left(\frac{a_n}{a_0}\right)^{\frac{1}{n}} - 1$$

증가율은 연평균 증가율로도 부른다. 5년 동안 시작값이 1850(톤), 끝값이 2054(톤)이면 공식에 대입하여 $r = \left(\frac{2054}{1850}\right)^{\frac{1}{5}} - 1 \fallingdotseq 0.021$로 약 2.1%의 증가율을 나타낸다.

예제 2000년부터 2019년까지 중장비를 20년 동안 시작값 30,000(개)에서 끝값 72,000(개)로 수출한 기업의 연평균 증가율(%)을 구하시오. (단 $\left(\frac{12}{5}\right)^{\frac{1}{20}} \fallingdotseq 1.045$이다.)

32 수열의 합 공식

공식

(1) $\sum_{k=1}^{n} k = \frac{1}{2}n(n+1)$

(2) $\sum_{k=1}^{n} k^2 = \frac{1}{6}n(n+1)(2n+1)$

(3) $\sum_{k=1}^{n} k^3 = \left\{\frac{1}{2}n(n+1)\right\}^2 = \frac{1}{4}n^2(n+1)^2$

정리

(1)에 대한 증명은 ①처럼 1에서 n까지의 합을 나타내고, ②처럼 1에서 n까지의 합을 거꾸로 나타내서 두 식을 더해 ③처럼 나타낼 수 있다.

$$
\begin{array}{rl}
S_n = 1 + 2 + 3 + \cdots + n & \cdots\cdots ① \\
+\big)\ S_n = n + (n-1) + (n-2) + \cdots + 1 & \cdots\cdots ② \\
\hline
2S_n = \underbrace{(n+1) + (n+1) + (n+1) + \cdots + (n+1)}_{(n+1)\text{이 } n\text{개}} & \cdots\cdots ③
\end{array}
$$

③의 식을 양 변에 2를 나누면 $\sum_{k=1}^{n} k = \frac{1}{2}n(n+1)$이다.

(2)는 제곱의 합에 관한 수열 공식으로 항등식을 이용하여 증명한다. 항등식 $(k+1)^3-k^3=3k^2+3k+1$에 k를 1부터 대입하여 소거하는 방법이다.

$$
\begin{aligned}
&k=1\text{일 때} \quad (1+1)^3-1^3=3\times1^2+3\times1+1\\
&k=2\text{일 때} \quad (2+1)^3-2^3=3\times2^2+3\times2+1\\
&k=3\text{일 때} \quad (3+1)^3-3^3=3\times3^2+3\times3+1\\
&\qquad\qquad\vdots\\
&k=n\text{일 때} \quad (n+1)^3-n^3=3\times n^2+3\times n+1
\end{aligned}
$$

좌변의 식을 모두 더하면 사선 방향으로는 소거되고 $(n+1)^3-1$이 된다. 우변은 $3\sum_{k=1}^{n}k^2+3\cdot\frac{n(n+1)}{2}+n$이 된다. 따라서 $(n+1)^3-1=3\sum_{k=1}^{n}k^2+3\cdot\frac{n(n+1)}{2}+n$을 정리하면 $\sum_{k=1}^{n}k^2=\frac{2n^3+3n^2+n}{6}$을 인수분해하여 $\sum_{k=1}^{n}k^2=\frac{1}{6}n(n+1)(2n+1)$이 된다.

$\sum_{k=1}^{n}k^3=\left\{\frac{1}{2}n(n+1)\right\}^2=\frac{1}{4}n^2(n+1)^2$도 증명하려면 항등식 $(k+1)^4-k^4=4k^3+6k^2+4k+1$을 이용하면 된다. 좀 복잡한 공식이지만 (1)의 공식을 전체 제곱한 공식으로 기억하면 된다.

예제 수열 $1^2+2^2+3^2+\cdots\cdots+100^2$의 값을 구하시오.

33 계차수열 공식

공식

수열 a_n의 계차수열이 b_n이면 $a_n = a_1 + \sum_{k=1}^{n-1} b_k$

정리

수열 $a_1, a_2, a_3, \cdots, a_n$에서 $b_n = a_{n+1} - a_n$을 계차로 하면 계차로 이루어진 수열 b_n을 수열 a_n의 계차수열이라 한다. 계차수열은 수열의 일반항을 구하기 어려울 때 활용한다. 그래서 앞 수열과 다음 수열의 차를 보고 그 수열이 이루는 규칙이 있는지 확인한다.

예를 들어 수열 1, 4, 13, 40, 121, ……을 a_n으로 했을 때 수열의 차를 b_n으로 나열해보자.

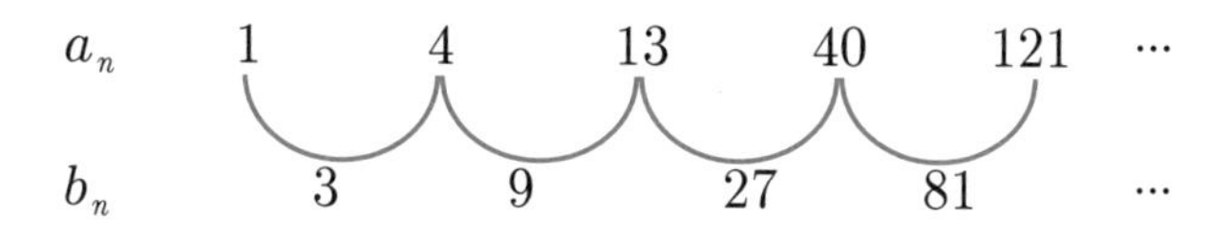

a_n은 수열에 관한 공식이 한 눈에 떠오르지 않지만 b_n은 3^n으로 떠오를 것이다. 즉 b_n은 등비수열이다.

a_n을 구하려면 공식 $a_n = a_1 + \sum_{k=1}^{n-1} b_k$에 $a_1=1$, $b_k=3^k$를 각각 대입하면 $a_n=1+\frac{3\cdot(3^{n-1}-1)}{3-1}=\frac{3^n-1}{2}$이다.

예제 2, 3, 5, 9, 17, ……의 일반항 a_n을 구하시오.

34 하노이 탑 공식

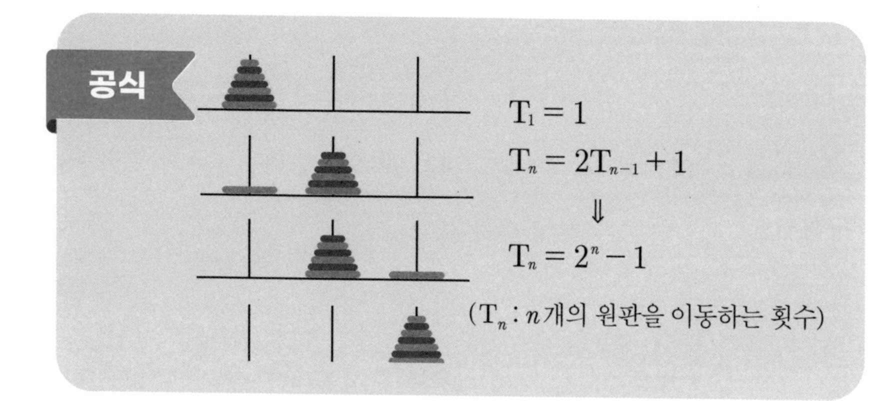

공식
$T_1 = 1$
$T_n = 2T_{n-1} + 1$
⇓
$T_n = 2^n - 1$
(T_n : n개의 원판을 이동하는 횟수)

정리

하노이 탑 공식은 점화식 수열이다.

첫째 항이 1이고, $T_n = 2T_{n-1} + 1$을 다음처럼 유도한다.

$$T_n = 2T_{n-1} + 1$$

양 변에 1을 더하면

$$T_n + 1 = 2(T_{n-1} + 1)$$

n 대신 $n+1$을, $n-1$ 대신 n으로 바꾸면

$$T_{n+1} + 1 = 2(T_n + 1)$$

공비가 2이고, 첫째 항이 $2(=T_1+1)$인 일반항의 수열로 하면

$$T_n+1=2\cdot 2^{n-1}$$

$$\therefore T_n=2^n-1$$

예제 $a_1=1$이고 $a_{n+1}=3a_n+4$로 정의된 수열 $\{a_n\}$의 일반항을 구하시오.

35 수열의 극한 공식 – 1

공식

(1) $\lim_{n\to\infty} r^n = 0 (|r| < 1)$

(2) $\lim_{n\to\infty}\left(1+\frac{a}{n}\right)^n = e^a$

정리

(1)은 $|r|<1$이면 0으로 수렴한다는 것을 의미한다.

(2)는 $\lim_{n\to\infty}\left(1+\frac{1}{n}\right)^n$이 e이므로 $\lim_{n\to\infty}\left(1+\frac{a}{n}\right)^n = \lim_{n\to\infty}\left(1+\frac{a}{n}\right)^{\frac{n}{a}\cdot a}$

$= \lim_{n\to\infty}\left\{\left(1+\frac{a}{n}\right)^{\frac{n}{a}}\right\}^a = e^a$이다.

예제 $\lim_{n \to \infty}\left(1+\frac{10}{n}\right)^n$를 구하시오.

36 수열의 극한 공식 − 2

공식

$$\lim_{n \to \infty} n^{\frac{1}{n}} = 1$$

정리

n은 무한이지만 지수 $\frac{1}{n}$은 0에 수렴하므로 $(\text{지수})^0 = 1$이다. 밑이 아무리 큰 수일지라도 지수가 0이면 1이다.

예제 $\lim_{x\to\infty}(1+x)^{\frac{2}{1+x}}$을 구하시오.

37 무한등비급수 공식

공식

$$\sum_{n=1}^{\infty} ar^{n-1} = a + ar + ar^2 + \cdots + ar^{n-1} + \cdots = \frac{a}{1-r}$$

(단 $|r|<1$일 때)

정리

등비수열의 합 $S_n = \frac{a(1-r^n)}{1-r}$이다. 등비수열의 합은 등비급수로도 부른다. $|r|<1$이면 $\lim_{n \to \infty} r^n = 0$이므로 분자의 r^n은 0이 되어 무한등비급수 $\sum_{n=1}^{\infty} ar^{n-1} = \frac{a}{1-r}$이다.

예를 들어 첫째 항이 200이고 공비가 $\frac{1}{2}$인 등비수열이 있으면 $a_n = 200 \cdot \left(\frac{1}{2}\right)^{n-1}$이다.

무한등비급수를 구하면 $\sum_{n=1}^{\infty} a_n = \frac{a}{1-r} = \frac{200}{1-\frac{1}{2}} = 400$이다.

예제 무한등비수열 $\frac{3}{2}, 1, \frac{2}{3}, \frac{4}{9}, \frac{8}{27}, \cdots$가 있다. 무한등비급수를 구하시오.

38 무한급수 공식 − 1

공식

$$(1)\ \sum_{n=0}^{\infty}\frac{x^n}{n!}=e^x$$

$$(2)\ \sum_{n=0}^{\infty}n\frac{x^n}{n!}=xe^x$$

정리

(1)은 무한급수의 합이 지수함수 e^x가 되는 것을 나타낸다. 좌변과 우변을 서로 바꾸어 $e^x=\sum_{n=0}^{\infty}\frac{x^n}{n!}$으로 나타내면 지수함수에 관한 맥클로린 급수가 된다.

맥클로린 급수를 전개하면 $e^x=\sum_{n=0}^{\infty}\frac{x^n}{n!}=1+\frac{x}{1!}+\frac{x^2}{2!}+\frac{x^3}{3!}+\cdots$이다. (2)는 (1)의 무한급수 공식에 양 변을 미분한 후 x를 곱하면 성립한다.

39 무한급수 공식 – 2

공식

(1) $\sum_{n=0}^{\infty} x^n = \frac{1}{1-x}(|x|<1)$

(2) $\sum_{n=0}^{\infty} nx^n = \frac{x}{(1-x)^2}(|x|<1)$

정리

(1)은 등비수열 x^n의 무한급수가 $\frac{1}{1-x}$이 되는 것을 나타낸다. 좌변과 우변을 서로 바꾸어 $\frac{1}{1-x} = \sum_{n=0}^{\infty} x^n$으로 나타내면 $\frac{1}{1-x}$에 관한 맥클로린 급수이다.

맥클로린 급수를 전개하면 $\frac{1}{1-x} = \sum_{n=0}^{\infty} x^n = 1 + x + x^2 + x^3 + \cdots$이다. (2)는 (1)의 무한급수 공식에 양 변을 미분한 후 x를 곱하면 성립한다.

예제 $\sum_{n=0}^{\infty} \frac{n}{5^n}$의 함수값을 구하시오.

40 원주율 구하는 공식

공식

$$\pi = 4\left(\frac{1}{1} - \frac{1}{3} + \frac{1}{5} - \frac{1}{7} + \frac{1}{9} - \cdots\right)$$

arctan$x$의 맥클로린 급수를 이용한 방법

정리

원주율 구하는 공식인 '마드하바–그레고리–라이프니츠 급수'는 15세기에 마드하바가 원주율을 유리수의 무한급수로 나타낸 것을 처음으로 발표했다. 그리고 17세기에 그레고리와 라이프니츠가 재발견했다. 원주율을 유리수의 무한급수로 나타내는 첫 단계는 $\tan^{-1}x$의 맥클로린 급수를 이용해 전개하는 것이다.

$\tan^{-1}x = x - \frac{x^3}{3} + \frac{x^5}{5} - \frac{x^7}{7} + \frac{x^9}{9} - \cdots$에서 $x=1$을 대입하면

$\tan^{-1}1 = \frac{\pi}{4} = 1 - \frac{1}{3} + \frac{1}{5} - \frac{1}{7} + \frac{1}{9} - \cdots$으로

원주율 구하는 공식 $\pi = 4\left(\frac{1}{1} - \frac{1}{3} + \frac{1}{5} - \frac{1}{7} + \frac{1}{9} - \cdots\right)$이 유도된다.

41 자연 상수

공식

$$e=\lim_{n\to\infty}\left(1+\frac{1}{n}\right)^n=2.718281828459045\cdots\cdots$$

정리

자연 상수 e는 1에 무한소를 더해서 전체를 무한대로 제곱하면 나오는 상수이다. e로 간단하게 나타내며 무한소수이며, 원주율처럼 무한으로 나아가는 수이기 때문에 소수점 아래 다섯 번째 자릿수 2.71828로 나타내기도 한다. 로그의 밑에 e를 놓으면 자연로그가 되며 ln으로 표기한다.

42 오일러－마스케로니 상수

공식

$$\gamma = \lim_{n\to\infty}\left(\sum_{k=1}^{n}\frac{1}{k} - \ln n\right) = 0.577215664901532\cdots\cdots$$

정리

오일러－마스케로니 상수는 조화급수에서 자연로그의 차를 무한으로 하면 나오는 상수로, 아직까지 유리수인지 무리수인지 증명되지 않는 상수이다. 따라서 원주율처럼 계속 나아가는 상수 같은데 마지막 자릿수까지 계산이 될 수도 있다. 그렇게 되면 오일러－마스케로니 상수는 유리수인 셈이다.

오일러－마스케로니 상수의 신기한 점은 무한에서 무한을 빼니 무한한 상수가 된다는 점이다. 리만의 가설과 동치인 로빈의 정리를 증명하거나 감마함수에서 오일러－마스케로니 상수가 사용되므로 중요한 상수임에는 틀림없다.

43 평균변화율 공식

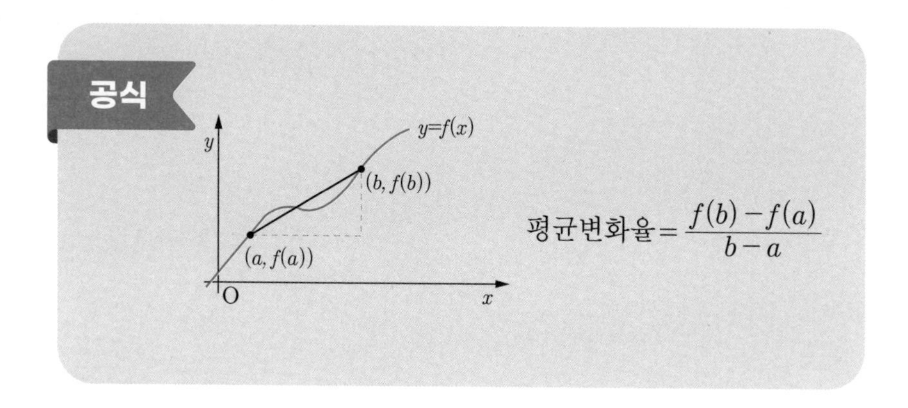

정리

평균변화율은 두 점을 잇는 직선의 기울기로

$\frac{\Delta y}{\Delta x}=\frac{f(b)-f(a)}{b-a}=\frac{f(a+\Delta x)-f(a)}{\Delta x}$ 로 나타낸다.

예를 들어 $y=x^2$의 그래프가 x값이 2에서 4까지 변할 때의 평균변화율 $\frac{\Delta y}{\Delta x}=\frac{4^2-2^2}{4-2}=6$이다.

예제 $f(x)=x^3$에서 x값이 1에서 2까지 변할 때의 평균변화율을 구하시오.

44 유리함수 미분 공식

공식

$$(1)\ \frac{d}{dx}x^n = nx^{n-1}$$

$$(2)\ \frac{d}{dx}\sqrt{x} = \frac{1}{2\sqrt{x}}$$

정리

(1)은 미분 공식 중 가장 기본이다.

(2) $\frac{d}{dx}\sqrt{x} = \frac{d}{dx}x^{\frac{1}{2}} = \frac{1}{2}x^{\frac{1}{2}-1} = \frac{1}{2\sqrt{x}}$ 로 증명된다.

예제 $\dfrac{d}{dx}\sqrt[3]{x}$ 를 계산하시오.

45 미분의 성질 공식 − 1

공식

(1) $\{cf(x)\}' = cf'(x)$ (실수배 미분법)

(2) $\{f(x)+g(x)\}' = f'(x)+g'(x)$ (합의 미분법)

정리

미분의 성질 중 가장 첫 번째 공식 (1)은 다음처럼 증명된다. c는 0이 아닌 상수이며 $y=cf(x)$일 때

$$y' = \lim_{h\to 0}\frac{cf(x+h)-cf(x)}{h}$$
$$= c\lim_{h\to 0}\frac{f(x+h)-f(x)}{h} = cf'(x)$$

(2)인 합의 미분법은 다음처럼 증명된다.

$$\{f(x)+g(x)\}' = \lim_{h\to 0}\frac{\{f(x+h)+g(x+h)\}-\{f(x)+g(x)\}}{h}$$
$$= \lim_{h\to 0}\frac{\{f(x+h)-f(x)\}+\{g(x+h)-g(x)\}}{h}$$
$$= \lim_{h\to 0}\frac{f(x+h)-f(x)}{h}+\lim_{h\to 0}\frac{g(x+h)-g(x)}{h}$$
$$= f'(x)+g'(x)$$

예제 $y=2x+1$을 미분하시오.

46 미분의 성질 공식 − 2

공식

(1) $\{f(x)g(x)\}' = f'(x)g(x) + f(x)g'(x)$ (곱의 미분법)

(2) $\left\{\dfrac{f(x)}{g(x)}\right\}' = \dfrac{f'(x)g(x) - f(x)g'(x)}{g(x)^2}$ (몫의 미분법)

정리

곱의 미분법에 관한 증명은 다음과 같다.

$$\{f(x)g(x)\}' = \lim_{h \to 0} \frac{f(x+h)g(x+h) - f(x)g(x)}{h}$$

$$= \lim_{h \to 0} \frac{f(x+h)g(x+h) - f(x)g(x+h) + f(x)g(x+h) - f(x)g(x)}{h}$$

$$= f'(x)g(x) + f(x)g'(x)$$

몫의 미분법은 곱의 미분법을 적용하여 증명할 수 있다. 그리고 또 하나 알아두어야 할 증명이 있는데 $\left\{\dfrac{1}{g(x)}\right\}'$이다. 몫의 미분법의 증명 단계에서 나타나므로 미리 증명한다.

$$\left\{\frac{1}{g(x)}\right\}' = \lim_{h\to 0}\frac{\frac{1}{g(x+h)}-\frac{1}{g(x)}}{h} = \lim_{h\to 0}\frac{1}{h}\cdot\frac{g(x)-g(x+h)}{g(x+h)g(x)}$$

$$= \lim_{h\to 0}\frac{g(x)-g(x+h)}{g(x+h)g(x)}\cdot\frac{1}{h} = \lim_{h\to 0}\frac{-\{g(x+h)-g(x)\}}{h}\cdot\frac{1}{g(x+h)g(x)}$$

$$= -\frac{g'(x)}{\{g(x)\}^2}$$

몫의 미분법 증명 방법은 다음과 같다.

$$\left\{\frac{f(x)}{g(x)}\right\}' = f'(x)\cdot\frac{1}{g(x)} + f(x)\cdot\left\{\frac{1}{g(x)}\right\}'$$

$\left\{\frac{1}{g(x)}\right\}' = -\frac{g'(x)}{\{g(x)\}^2}$ 을 대입하면

$$= \frac{f'(x)}{g(x)} - \frac{f(x)g'(x)}{\{g(x)\}^2}$$

$$= \frac{f'(x)g(x)-f(x)g'(x)}{g(x)^2}$$

예제 $y=(3x-1)(x^2+1)$을 미분하시오.

47 역함수 미분 공식

공식

$$(f^{-1})'(x) = \frac{1}{f'(f^{-1}(x))}$$

정리

$f(x)$의 역함수를 $g(x)$로 하자.

$f(g(x)) = x$

양 변을 미분하면

$f'(g(x))g'(x) = 1$

양 변을 $f'(g(x))$로 나누면

$$g'(x) = \frac{1}{f'(g(x))}$$

$g(x) = f^{-1}(x)$이므로

$$(f^{-1})'(x) = \frac{1}{f'(f^{-1}(x))}$$

$f(x)$의 역함수가 $g(x)$이면 역함수의 성질로 $f(g(x))=x$가 성립한다. 그리고 $f(a)=b$이면 $g(b)=a$로, 역함수 미분 공식으로 $(f^{-1})'(b)=g'(b)=\frac{1}{f'(a)}$의 관계가 성립한다.

예를 들어 $f(x)=x^2+1$이고, $g(x)$가 역함수로 할 때 $g'(2)$를 구하는 문제가 있다고 하자. $f(x)$의 역함수 $g(x)$를 직접 구하지 않고도 구할 수 있는가에 대한 문제가 된다. $f(1)=2$이고 $g(2)=1$이다. 그래서 역함수 미분 공식을 적용하여 $g'(2)=\frac{1}{f'(1)}$이고 $f'(1)=2$이므로 $g'(2)=\frac{1}{2}$이다.

예제 함수 $f(x)=x^3-2x+2$의 역함수를 $g(x)$로 하자. $8g'(2)$의 값을 구하시오.

48 삼각함수 미분 공식

공식

$$(1)\ \frac{d}{dx}\sin x=\cos x$$

$$(2)\ \frac{d}{dx}\cos x=-\sin x$$

$$(3)\ \frac{d}{dx}\tan x=\sec^2 x$$

정리

(1)과 (2)는 삼각함수의 덧셈정리를 이용하여 증명하면 된다. 우선 $\sin x$를 미분하면 $\cos x$가 되는 것을 증명한다.

$$y'=\lim_{h\to 0}\frac{f(x+h)-f(x)}{h}$$
$$=\lim_{h\to 0}\frac{\sin(x+h)-\sin x}{h}$$

삼각함수의 덧셈정리를 적용하면

$$=\lim_{h\to 0}\frac{\sin x\cosh+\cos x\sinh-\sin x}{h}$$
$$=\lim_{h\to 0}\left(\sin x\cdot\frac{\cos h-1}{h}+\cos x\underbrace{\frac{\sin h}{h}}_{=1}\right)$$
$$=\sin x\lim_{h\to 0}\frac{-\sin^2 h}{h(\cosh+1)}+\cos x$$

$$= \sin x \lim_{h \to 0} \underbrace{\frac{\sin h}{h}}_{=1} \cdot \underbrace{\frac{-\sin h}{\cos h + 1}}_{=0} + \cos x$$

$$= \cos x$$

(2)는 cos$x$를 미분하면 $-\sin x$가 된다. (2)의 증명과정은 (1)과 같은 방법으로 유도된다.

(3)의 tan$x$의 미분법은 몫의 미분법으로 증명된다.

$y = \tan x$에서 $y' = \left(\frac{\sin x}{\cos x}\right)' = \frac{(\sin x)' \cos x - \sin x (\cos x)'}{\cos^2 x}$

$$= \frac{\cos^2 x + \sin^2 x}{\cos^2 x} = \frac{1}{\cos^2 x} = \sec^2 x$$

예제 cos$x$의 미분법을 증명하시오.

49 역삼각함수 미분 공식

공식

$$\frac{d}{dx}\sin^{-1}x = \frac{1}{\sqrt{1-x^2}}$$
$$\frac{d}{dx}\cos^{-1}x = -\frac{1}{\sqrt{1-x^2}}$$
$$\frac{d}{dx}\tan^{-1}x = \frac{1}{1+x^2}$$

정리

역삼각함수는 $\sin^{-1}x$, $\cos^{-1}x$, $\tan^{-1}x$로 나타내기도 하고 $\arcsin x$, $\arccos x$, $\arctan x$로 나타내기도 한다. $\sin^{-1}x$의 미분법에 대한 증명은 다음과 같다.

$\sin^{-1}x = y$로 하면 $x = \sin y$

양 변을 미분하면

$1 = \cos y \cdot y'$

y'에 관하여 정리하면

$$y' = \frac{1}{\cos y}$$

$\sin^2 y + \cos^2 y = 1$이므로

$\cos y = \sqrt{1 - \sin^2 y}$를 대입하면

$$y' = \frac{1}{\sqrt{1 - \sin^2 y}}$$

$x = \sin y$이므로 $\sin y$ 대신 x를 대입하면

$$y' = \frac{1}{\sqrt{1 - x^2}}$$

$\tan^{-1} x$의 미분법에 대한 증명은 다음과 같다.

$\tan^{-1} x = y$로 하면 $x = \tan y$

양 변을 미분하면

$$1 = \sec^2 y \cdot y'$$

y' 에 관하여 정리하면

$$y' = \frac{1}{\sec^2 y}$$

$1 + \tan^2 y = \sec^2 y$이므로

$$y' = \frac{1}{1 + \tan^2 y}$$

$x = \tan y$이므로 $\tan y$ 대신 x를 대입하면

$$y' = \frac{1}{1 + x^2}$$

예제 $\cos^{-1}x$의 미분법을 증명하시오.

50 로그함수 미분 공식

공식

(1) $\frac{d}{dx}\ln x = \frac{1}{x}$

(2) $\frac{d}{dx}\log_a x = \frac{1}{x\ln a}$

정리

(1)은 자연로그 $\ln x$의 미분 공식이며, (2)는 로그 $\log_a x$의 미분 공식이다. (1)과 (2)에 대한 각각의 증명 방법은 다음과 같다.

(1) $y=\ln x$를 미분하면

$$y' = \lim_{h\to 0}\frac{\ln(x+h)-\ln x}{h}$$

$$= \lim_{h\to 0}\frac{1}{h}\cdot\ln\left(\frac{x+h}{x}\right)$$

$$= \lim_{h\to 0}\frac{1}{h}\ln\left(1+\frac{h}{x}\right)^{\frac{x}{h}\cdot\frac{h}{x}}$$

$$= \lim_{h\to 0}\frac{1}{h}\cdot\frac{h}{x}\underbrace{\ln\left(1+\frac{h}{x}\right)^{\frac{x}{h}}}_{=1}$$

$$= \frac{1}{x}$$

다른 증명방법으로는 $y' = \frac{x'}{x} = \frac{1}{x}$로 간단하다. 자연로그를 미분하면 진수 x를 분모에, 진수 x를 미분한 것을 분자에 나타내어 계산한다.

(2) $y = \log_a x$를 미분하면 $y' = \left(\frac{\ln x}{\ln a}\right)'$에서 $\frac{1}{\ln a}$은 상수이고, $\ln x$를 미분하면 $\frac{1}{x}$이므로 $\frac{d}{dx}\log_a x = \frac{1}{x\ln a}$

예제 $y = \ln 2x$를 미분하시오.

51 지수함수의 미분 공식 − 1

공식

(1) $\frac{d}{dx}e^{ax}=ae^{ax}$

(2) $\frac{d}{dx}a^{x}=a^{x}\ln a$

정리

(1)의 증명은 다음과 같다.

$e^{ax}=y$로 정하고 양 변에 자연로그를 놓는다.

$ax=lny$

양 변을 미분하면

$a=\frac{y'}{y}$

y' 에 대해 정리하면

$y'=ay$

$e^{ax}=y$를 대입하면

$=ae^{ax}$

(2)의 증명은 다음과 같다.

$$\frac{d}{dx}a^x = \lim_{h \to 0}\frac{a^{x+h}-a^x}{h} = \lim_{h \to 0}\frac{a^x(a^h-1)}{h}$$

$$= \ln a$$

$$= a^x \ln a$$

(2)의 증명 과정에서 $\lim_{h \to 0}\frac{a^h-1}{h} = \ln a$인 것은 a^h-1을 t로 치환해 증명할 수 있다.

$$\lim_{h \to 0}\frac{a^h-1}{h} = \lim_{t \to 0}\frac{t}{\log_a(1+t)} = \lim_{t \to 0}\frac{1}{\frac{1}{t}\cdot\log_a(1+t)} = \lim_{t \to 0}\frac{1}{\log_a(1+t)^{\frac{1}{t}}}$$

$$= \frac{1}{\log_a e} = \ln a$$

예제 $y=2^x$를 미분하시오.

52 지수함수의 미분 공식 – 2

공식

$$\frac{d}{dx}x^x = (1+\ln x)x^x$$

정리

증명 과정은 다음과 같다.

$x^x = y$로 정하고 양 변에 로그를 놓는다.

$x\ln x = \ln y$

양 변을 미분하면

$\ln x + 1 = \frac{y'}{y}$

y' 에 대해 정리하면

$y' = y(\ln x + 1)$

$x^x = y$이므로 대입하면

$= (1+\ln x)x^x$

53 접선의 방정식 공식

공식

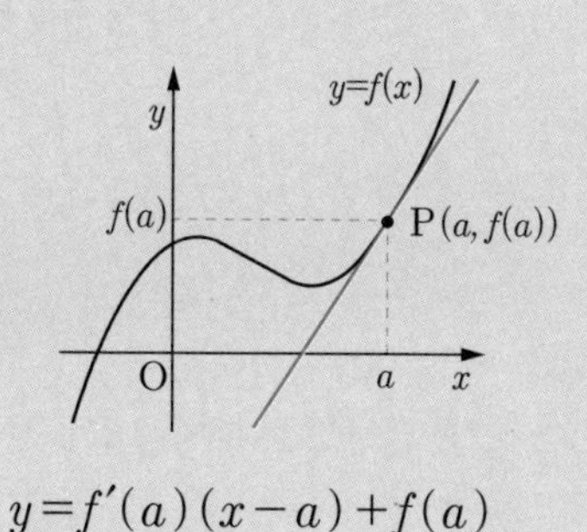

$$y=f'(a)(x-a)+f(a)$$

정리

함수와 직선이 접할 때 접점의 x좌표는 기울기이다. 이때 $x=a$는 접점에서의 기울기를 의미한다. 따라서 우선 함수를 미분하고, 접점을 대입하여 기울기를 구하면 접선의 방정식을 구하게 된다. 접선과 x좌표가 이루는 각의 크기가 θ이면 기울기는 $\tan\theta$이다.

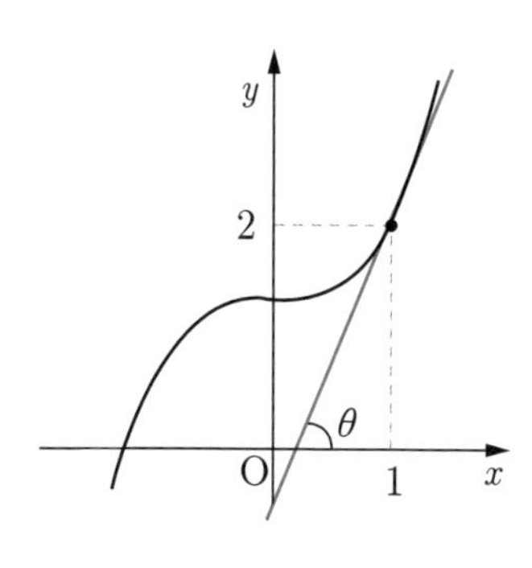

예를 들어 왼쪽 그래프처럼 $y=x^3+1$과 구하려는 직선의 그래프가 접점 $(1, 2)$에서 만난다고 하자.

$y=x^3+1$의 그래프는 (1, 2)를 지나고, 구하려는 직선의 그래프도 (1, 2)를 지난다. $y=x^3+1$를 미분하면 $y'=3x^2$이며, 이때 y'에 x의 좌표 1을 대입하면 바로 직선의 기울기이다. 따라서 기울기는 $y'=3\cdot1^2=3$이다. 그리고 점 (1, 2)를 지나는 직선이므로 공식에 따라 $y=3\cdot(x-1)+2$로 정리하여 $y=3x-1$이다.

예제 $y=e^x$의 그래프가 점 P(2, 4)에서의 접선의 방정식을 구하시오.

54 곡률 공식

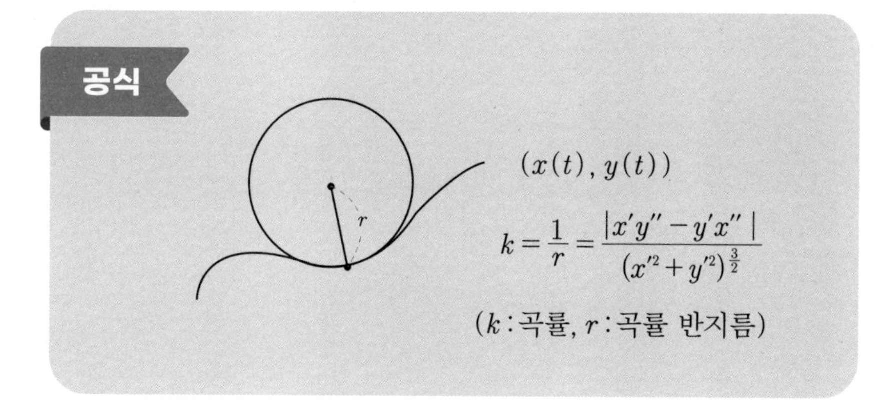

공식
r
(x(t), y(t))
$k=\frac{1}{r}=\frac{|x'y''-y'x''|}{(x'^2+y'^2)^{\frac{3}{2}}}$
(k : 곡률, r : 곡률 반지름)

정리

곡률은 곡선의 휘어진 정도를 의미하며 곡선 도형에 적용한다. 원은 곡률 도형의 대표적 예이며, 곡선이 있는 타원, 쌍곡선, 포물선 등도 곡률이 있다. 곡률 반지름은 곡선의 휘어진 정도를 나타내는 원의 반지름이다. 곡률이 클수록 곡률 반지름은 작고, 곡률이 작을수록 곡률 반지름은 크다.

예를 들어 $y=x^2$인 함수의 그래프의 곡률을 구해보자. $x=t$로 $y=t^2$으로 치환하여 2번씩 미분한다. 즉 $x'=1$, $x''=0$, $y'=2t$, $y''=2$로 구한 후 공식에 적용하는 것이다.

$$k=\frac{|x'y''-y'x''|}{(x'^2+y'^2)^{\frac{3}{2}}}=\frac{|1\times 2-2t\times 0|}{\{1^2+(2t)^2\}^{\frac{3}{2}}}=\frac{2}{\sqrt{(1+4t^2)^3}}$$

여기서 $t=x$이므로 곡률 $k=\dfrac{2}{\sqrt{(1+4x^2)^3}}$이다.

예제 $y=-2x^3$의 곡률을 구하시오.

55 부정적분의 적분

공식

$$F'(x) = f(x) \Longleftrightarrow F(x) + C = \int f(x)\,dx$$

정리

함수 $f(x)$가 있으면 $F'(x) = f(x)$일 때 함수 $F(x)$를 $f(x)$의 부정적분이라 한다. 피적분함수인 $f(x)$의 부정적분은 $F(x)+C$이며 C는 적분상수이다. 식으로 나타내면 $\int f(x)\,dx = F(x) + C$이다. 피적분함수를 적분하면 부정적분 $F(x)+C$가 되며 부정적분을 미분하면 피적분함수 $f(x)$가 된다. 적분과 미분은 역의 관계이다.

예제 피적분함수 $2x+1$이 있다. 부정적분이 x^2+x+3일 때 피적분함수와 부정적분의 관계를 인티그럴을 사용하여 나타내시오.

56 유리함수의 부정적분 공식

공식

(1) $\int x^n dx = \frac{x^{n+1}}{n+1} + C (n \neq -1)$

(2) $\int \frac{1}{x} dx = \ln|x| + C$

(3) $\int \frac{1}{1+x^2} dx = \tan^{-1}x + C$

정리

(1)은 부정적분 공식의 가장 기본 공식이다. 미분 공식과 역의 관계인 것을 알 수 있다. 그리고 적분상수 C를 반드시 더한 것으로 나타내야 한다.

(2)는 $\ln|x|$를 미분하면 $\frac{1}{x}$이며, 거꾸로 $\frac{1}{x}$을 적분하면 $\ln|x|+C$로 역의 관계인 것을 확인하면 된다.

(3)은 역삼각함수 중 탄젠트 함수의 적분 공식에 관한 것이며 미분 공식에서 $\tan^{-1}x$를 미분하면 $\frac{1}{1+x^2}$인 것을 알고 있으므로 거꾸로 적분 공식도 이해할 수 있다. 따라서 미분 공식에 대한 것을 알고 있으면 적분 공식은 거꾸로 나타낸 것이 많으므로 계산할 때 확인할 수 있다.

예제 $\int x^4 dx$을 적분하시오.

57 부분적분법

공식

$$\int f'(x)\,g(x)\,dx = f(x)\,g(x) - \int f(x)\,g'(x)\,dx$$

정리

부분적분법은 미분에서 곱의 미분법을 알고 있으면 유도가 되는 적분법이다.

곱의 미분법 $\{f(x)g(x)\}' = f'(x)g(x) + f(x)g'(x)$에서

$f(x)g'(x)$를 좌변으로 이항한 후 양 변을 서로 바꾸면

$f'(x)g(x) = \{f(x)g(x)\}' - f(x)g'(x)$

양 변에 인티그럴를 씌우면

$$\int f'(x)\,g(x)\,dx = f(x)\,g(x) - \int f(x)\,g'(x)\,dx$$

증명은 완료되었다. 따라서 부분적분법을 잊어버렸을 때에는 곱의 미분법에서 유도하면 된다.

예제 $\int x(2x+1)\,dx$를 부분적분법으로 푸시오.

58 삼각함수 적분 공식

공식

(1) $\int \sin x \, dx = -\cos x + C$

(2) $\int \cos x \, dx = \sin x + C$

(3) $\int \tan x \, dx = -\ln|\cos x| + C = \ln|\sec x| + C$

정리

(1)과 (2)는 사인함수와 코사인 함수의 미분 공식을 알면 서로 역의 관계이므로 증명됨을 금방 알 수 있다. 그러나 (3)의 탄젠트함수의 적분은 치환을 이용하여 증명하므로 금방 알 수 있는 공식은 아니다.

$$\int \tan x dx = \int \frac{\sin x}{\cos x} dx$$

$cosx = t$로 치환하면

$$\int \frac{\sin x}{t} dx$$

$\cos x = t$를 양 변을 미분하여 $dx = -\frac{dt}{\sin x}$를 대입하면

$$=\int \frac{\sin x}{t}\cdot\left(-\frac{dt}{\sin x}\right)$$

$$=-\int \frac{1}{t}dt$$

$$=-\ln|t|+C$$

$t=\cos x$이므로

$$=-\ln|\cos x|+C$$

$\int \tan x\, dx=\ln|\sec x|+C$로도 나타낼 수 있다.

예제 $\int \cot x\, dx$의 공식을 $\tan x$의 적분법처럼 증명하시오.

59 로그함수 적분 공식

공식

(1) $\int \ln x \, dx = x\ln x - x + C$

(2) $\int x^n \ln(ax)\, dx = x^{n+1}\left(\frac{\ln(ax)}{n+1} - \frac{1}{(n+1)^2}\right) + C$

정리

(1)은 부분적분법으로 증명된다.

$$\int \ln x \, dx = \int (x)' \cdot \ln x \, dx$$
$$= x\ln x - \int x \cdot (\ln x)' \, dx$$
$$= x\ln x - \int x \cdot \frac{1}{x} dx$$
$$= x\ln x - x + C$$

(2)도 부분적분법으로 증명된다.

$$\int x^n \ln(ax)\, dx = \frac{x^{n+1}}{n+1}\ln(ax) - \int \frac{1}{n+1} x^{n+1} \cdot \{\ln(ax)\}' \, dx$$
$$= \frac{x^{n+1}}{n+1}\ln(ax) - \frac{1}{n+1}\int x^{n+1} \cdot \frac{1}{x} dx$$
$$= \frac{x^{n+1}}{n+1}\ln(ax) - \frac{1}{n+1}\int x^n \, dx$$

$$= \frac{x^{n+1}}{n+1}\ln(ax) - \frac{x^{n+1}}{(n+1)^2} + C$$

$$= x^{n+1}\left(\frac{\ln(ax)}{n+1} - \frac{1}{(n+1)^2}\right) + C$$

예제 $\int x^2 \ln(3x)\,dx$를 구하시오.

60 지수함수 부정적분 공식

공식

$(1) \int e^x\, dx = e^x + C$

$(2) \int a^x dx = \frac{a^x}{\ln a} + C$

$(3) \int x^n e^{ax} dx = \frac{x^n e^{ax}}{a} - \frac{n}{a}\int x^{n-1} e^{ax} dx$

정리

(1)은 지수함수 e^x에 대한 적분이다. 유일하게 지수함수 e^x는 적분을 하거나 미분을 해도 e^x 그대로이다.

(2)는 지수함수 a^x에 대한 적분이다. a^x를 미분하면 $a^x \ln a$이다. 미분 공식을 알고 있으면 적분 공식은 증명되며 과정은 다음과 같다.

$$(a^x)' = a^x \ln a$$

양 변을 적분하면

$$a^x = \int a^x \ln a\, dx$$

$\ln a$는 상수이므로 양 변을 나누면

$$\frac{a^x}{\ln a} = \int a^x dx$$

양 변을 바꾸고 적분상수 C를 더해주면

$$\int a^x dx = \frac{a^x}{\ln a} + C$$

(3)은 부분적분법으로 유도할 수 있는 공식이다.

예제 $\int 7^x dx$를 구하시오.

61 무리함수 적분 공식

공식

(1) $\int \frac{dx}{\sqrt{1-x^2}} = \sin^{-1}x + C$

(2) $\int \frac{dx}{\sqrt{x^2-1}} = \ln|x+\sqrt{x^2-1}| + C$

(3) $\int \frac{dx}{\sqrt{x^2+1}} = \ln|x+\sqrt{x^2+1}| + C$

정리

(1)은 x를 $\sin\theta$로 치환하여 증명할 수 있다.

$$\int \frac{dx}{\sqrt{1-x^2}}$$

x를 $\sin\theta$로 치환하면

$$= \int \frac{dx}{\sqrt{1-\sin^2\theta}}$$

$x=\sin\theta$를 $dx=d\theta\cos\theta$로 양 변을 미분하여 대입하면

$$= \int \frac{d\theta\cos\theta}{\sqrt{1-\sin^2\theta}}$$

$1-\sin^2\theta=\cos^2\theta$이므로 대입하면

$$= \int \frac{d\theta\cos\theta}{\cos\theta}$$

분모와 분자를 $\cos\theta$로 약분하면

$= \int d\theta$

$= \theta + C$

$x = \sin\theta$이므로 $\theta = \sin^{-1}x$이므로

$= \sin^{-1}x + C$

위의 증명과정에서 $x = \sin\theta$이면 역함수로 $\theta = \sin^{-1}x$로 바꾸는 것에 주의한다.

(2)와 (3)은 우변의 부정적분을 미분하면 좌변의 피적분함수가 되는 것으로 공식이 참인 것을 증명할 수 있다.

예제 $\int \frac{dx}{\sqrt{x^2+4}}$를 구하시오.

62 정적분의 정의

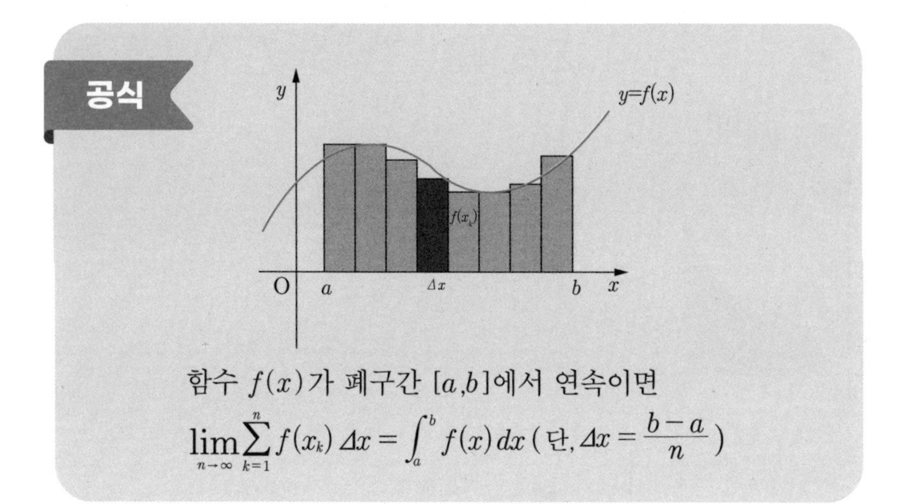

함수 $f(x)$가 폐구간 $[a,b]$에서 연속이면

$$\lim_{n\to\infty}\sum_{k=1}^{n} f(x_k)\,\Delta x = \int_a^b f(x)\,dx \left(\text{단}, \Delta x = \frac{b-a}{n}\right)$$

정리

정적분은 잘게 쪼갠 직사각형의 넓이를 무한하게 더했을 때 그 합이 한없이 가까워지는 값이다. 정적분은 부정적분과 달리 적분 범위가 주어진다. 잘게 쪼갠 직사각형의 분할 개수가 많을수록 정적분의 값은 참값에 가깝다. $\lim_{n\to\infty}\sum_{k=1}^{n} f(x_k)\,\Delta x$으로 나타내며 $f(x)$의 넓이에 근사한 직사각형의 가로의 길이 Δx_k를 무한하게 나눈 것과 세로의 길이 $f(x_k)$를 곱한 것이다.

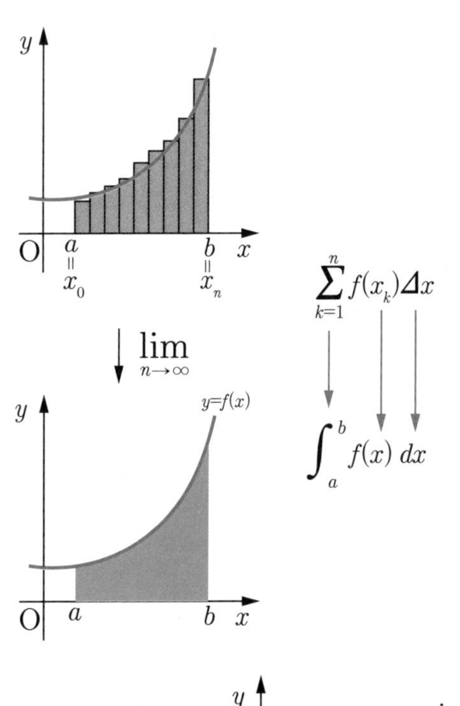

즉 잘게 쪼갠 직사각형 1개의 넓이는 $f(x)d(x)$로 나타내며 여러 개를 합하여 정적분의 계산법으로 나타내면 $\int_a^b f(x)\,dx$이다.

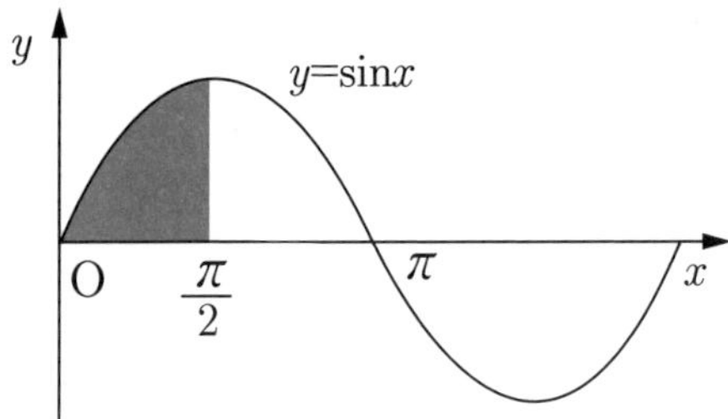

예를 들어 $\int_0^{\frac{\pi}{2}} \sin x\,dx$를 계산해 보자. 위의 색칠한 부분이 적분한 값을 나타낸 것이다. 직사각형으로 여러 개 쪼개진 모양으로 나누어 극한값을 구하지 않아도 부정적분을 구한 후 적분구간을 계산해 구하는 방법으로 해결한다.

$$\int_0^{\frac{\pi}{2}} \sin x \, dx = \left[-\cos x\right]_0^{\frac{\pi}{2}} = -\cos\frac{\pi}{2} - (-\cos 0) = 0 + 1 = 1$$

예제 정적분 $\int_0^{\pi} \cos x \, dx$를 계산하시오.

63 미적분학의 제1 기본정리

공식

$f(x)$가 연속함수이면 $\dfrac{d}{dx}\displaystyle\int_a^x f(t)\,dt = f(x)$가 성립한다.

정리

미적분학의 제1기본정리는 $f(x)$를 적분한 후 다시 미분하면 $f(x)$가 된다는 의미이다. 적분과 미분이 역함수인 것을 보여주는 정리이다. 미분과 적분은 역의 관계라는 저명한 정리가 바로 미적분학의 제1기본정리이다.

미분과 적분은 수학적으로 역사를 달리 출발했다. 적분은 고대 그리스에서 기원전 2세기경 아르키메데스의 실진법이 시초이며, 미분은 17세기 이후 뉴턴과 라이프니츠, 페르마에 이르기까지 적분보다 더 늦게 출발했다. 미적분학의 제1기본정리로 미분과 적분은 서로 역의 관계라는 것이 명확해졌다. 미적분학의 제1기본정리로 예를 들면

$\frac{d}{dx}\int_1^x t^3\,dt = x^3$ 이다.

예제 $\frac{d}{dx}\int_0^x \cos t\,dt$ 를 구하시오.

64 미적분학의 제2 기본정리

공식

$f(x)$가 $[a, b]$에서 연속이고, 함수 $F(x)$가 $f(x)$의 임의의 부정적분이면 $\int_a^b f(t)\,dt = F(b) - F(a)$가 성립한다.

정리

정적분으로 넓이를 계산하기 위해서는 부정적분을 우선 해결한다. 정적분은 구분구적법에서 시작했고, 부정적분은 미분의 역의 관계로 출발했다. 그래서 원래는 정적분과 부정적분은 서로 무관하다.

미적분학의 제2기본정리로 인해 정적분의 넓이를 리만합으로 구하는 번거로움을 벗어나 부정적분의 차로 편리하게 연산할 수 있게 된다. 정적분과 부정적분이 연관성을 갖게 된 것이다.

미적분학의 제2기본정리를 이용해 $\int_1^3 (3x-1)\,dx$를 계산해 보자.

$\int_1^3 (3x-1)\,dx = \left[\frac{3}{2}x^2 - x\right]_1^3 = \left(\frac{3}{2} \times 3^2 - 3\right) - \left(\frac{3}{2} \times 1^2 - 1\right) = 10$이다.

예제 정적분 $\int_{2}^{4}(7x+8)\,dx$을 계산하시오.

65 자연로그 공식

공식

$$(1)\ \ln x = \int_1^x \frac{1}{t}dt$$
$$(2)\ \ln x = \log_e x$$
$$(3)\ (\ln x)' = \frac{1}{x}$$

정리

(1)은 $\ln x$와 $\int_1^x \frac{1}{t}dt = \left[\ln t\right]_1^x = \ln x$이므로 서로 같다. 그러므로 참인 공식이다.

(2)는 자연로그 $\ln x$가 밑이 e이고 간단하게 나타내는 표기법을 나타낸 것이다. 우리나라와 다르게 자연로그를 $\ln x$가 아닌 $\log x$로 나타내는 나라도 있다.

(3)은 자연로그를 미분하면 $\frac{1}{x}$이 된다는 것을 의미한다.

66 정적분의 성질

공식

(1) $\int_a^b f(x)\,dx = -\int_b^a f(x)\,dx$

(2) $\int_a^b f(x)\,dx = \int_a^c f(x)\,dx + \int_c^b f(x)\,dx$

정리

(1)은 위 끝과 아래 끝의 위치를 바꾸면 정적분 앞에 음수(−)가 붙는다. 정적분에서 대개 위 끝의 크기는 아래 끝보다 크다. 예를 들어 위 끝이 아래 끝보다 작은 경우 $\int_1^0 x\,dx = -\int_0^1 x\,dx$를 계산하면 둘 다 $-\frac{1}{2}$인 것을 확인할 수 있다.

(2)는 적분 구간을 나누어서 더해도 정적분의 값을 구할 수 있다는 의미이다. 정적분의 성질로 $\int_0^2 (x^2+x-1)\,dx + \int_2^5 (x^2+x-1)\,dx = \int_0^5 (x^2+x-1)\,dx$가 성립한다.

예제 $\int_3^1 (5x^2+3)\,dx$를 정적분의 성질 (1)을 이용해 구하시오.

67 정적분의 치환적분법

공식

$$\int_a^b f(g(x))\,g'(x)\,dx = \int_\alpha^\beta f(t)\,dt$$

정리

함수 $f(t)$가 적분 구간 $[\alpha,\beta]$에서 연속이고 $t=g(x)$는 미분이 가능하며 $g(a)=\alpha$, $g(b)=\beta$로 하면 공식은 성립한다. 이것이 치환적분법이다. 예를 들면 $\int_5^7 \frac{1}{\sqrt{x-4}}dx$의 값을 구하기 위해서는 $x-4$를 t로 치환해야 한다. $dx=dt$이고, 아래 끝은 $x-4=t$에 $x=5$를 대입하면 $t=1$, 위 끝은 x에 7을 대입하면 $t=3$이다.

따라서 $\int_5^7 \frac{1}{\sqrt{x-4}}dx = \int_1^3 \frac{1}{\sqrt{t}}dt = \left[2\sqrt{t}\right]_1^3 = 2(\sqrt{3}-1)$

예제 정적분 $\int_0^1 \frac{1}{\sqrt{3-x}}dx$을 계산하시오.

68 유리함수 정적분 공식

공식

(1) $\int_0^{\infty} \frac{x^{p-1}}{1+x}dx = \frac{\pi}{\sin p\pi}(0 < p < 1)$

(2) $\int_0^{\infty} \frac{1}{x^2+a^2}dx = \frac{\pi}{2a}$

정리

(1)은 아래 그래프처럼 색칠한 부분의 넓이이다. p값에 따라 그래프의 변화가 있지만 개형은 거의 비슷하다. 색칠한 부분이 사인함수를 역수로 갖는다.

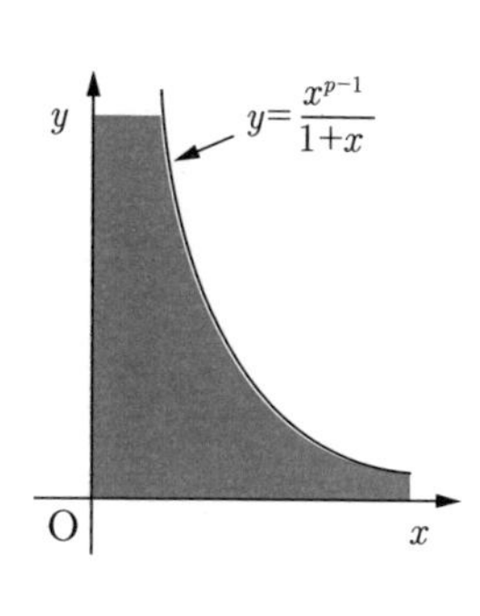

(2)는 x를 $a\tan\theta$로 치환하여 증명할 수 있다. 부정적분 $\int \frac{1}{x^2+a^2}dx$는 $\frac{1}{a}\tan^{-1}\frac{x}{a}+C$로, 공식으로 알고 위 끝과 아래 끝의 숫자를 대입하여 풀 수도 있다.

(2)번의 $\int_0^{\infty} \frac{1}{x^2+a^2}dx = \frac{\pi}{2a}$가 성립함을 증명하는 과정은 다음과 같다.

$\int_0^\infty \frac{1}{x^2+a^2}dx$ 에서 x를 $a\tan\theta$로 치환하자.

$$\int_0^\infty \frac{1}{x^2+a^2}dx = \int_0^\infty \frac{1}{a^2\tan^2\theta + a^2}dx$$

$$= \int_0^\infty \frac{1}{a^2(1+\tan^2\theta)}dx$$

$1+\tan^2\theta = \sec^2\theta$를 대입하면

$$= \int_0^\infty \frac{1}{a^2\sec^2\theta}dx$$

x를 $a\tan\theta$로 치환했으므로 $dx = ad\theta\sec^2\theta$를 대입하면

$$= \int_0^\infty \frac{1}{a^2\sec^2\theta} \times ad\theta\sec^2\theta$$

$$= \frac{1}{a}\int_0^\infty d\theta$$

아래 끝은 $0 \to 0$, 위 끝은 $\infty \to \frac{\pi}{2}$로 바꾸면

$$= \frac{1}{a}\int_0^{\frac{\pi}{2}} d\theta$$

$$= \frac{1}{a}\left[\theta\right]_0^{\frac{\pi}{2}}$$

$$= \frac{\pi}{2a}$$

예제 $\int_0^\infty \frac{1}{x^2+4}dx$를 구하시오.

69 무리함수 정적분 공식

공식

(1) $\displaystyle\int_0^a \frac{dx}{\sqrt{a^2-x^2}}=\frac{\pi}{2}$

(2) $\displaystyle\int_0^a \sqrt{a^2-x^2}\,dx=\frac{\pi a^2}{4}$

(3) $\displaystyle\int_0^\infty \frac{dx}{(1+x)\sqrt{x}}=\pi$

정리

정적분 공식은 부정적분 공식을 해결하고 적분 구간대로 푸는 것이기 때문에 부정적분이 우선 먼저 해결되어야 한다.

(1)은 $\displaystyle\int_0^a \frac{dx}{\sqrt{a^2-x^2}}=\left[\sin^{-1}\frac{x}{a}\right]_0^a=\frac{\pi}{2}$, $\sin^{-1}1$이 $\frac{\pi}{2}$인 것은 $\sin\frac{\pi}{2}$가 1이므로 거꾸로 생각하면 알 수 있다.

(2)는 $\displaystyle\int_0^a \sqrt{a^2-x^2}\,dx=\left[\frac{1}{2}\left\{x\sqrt{a^2-x^2}+a^2\sin^{-1}\left(\frac{x}{a}\right)\right\}\right]_0^a=\frac{\pi a^2}{4}$이다.

(2)는 계산과정이 복잡하므로 원의 방정식을 생각해 이해할 수 있다. 예를 들면 $x^2+y^2=a^2$는 y에 관한 식으로 $y=\sqrt{a^2-x^2}\,(y>0)$에서 152쪽 그림처럼 색칠한 부분의 넓이다. 즉 원의 넓이 πa^2의 $\frac{1}{4}$에 해당하는 $\frac{\pi a^2}{4}$이다.

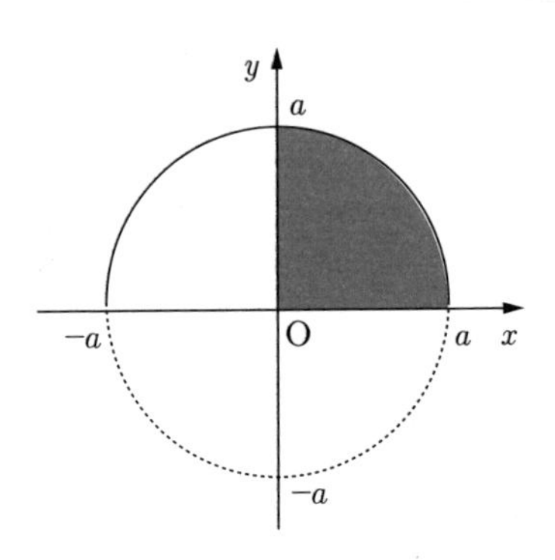

(3)은 $\int_0^{\infty} \frac{dx}{(1+x)\sqrt{x}} = \left[2\tan^{-1}\sqrt{x}\right]_0^{\infty} = \pi$

예제 정적분 $\int_0^{2\sqrt{2}} \sqrt{8-x^2}\,dx$를 구하시오.

70 로그함수 정적분 공식

공식

(1) $\int_0^1 \frac{\ln x}{1+x} dx = -\frac{\pi^2}{12}$

(2) $\int_0^1 \frac{\ln x}{1-x} dx = -\frac{\pi^2}{6}$

(3) $\int_0^\infty \frac{\ln x}{x^2+a^2} dx = \frac{\pi \ln a}{2a} (a>0)$

정리

(1)의 적분값은 (2)의 2배이다. 그리고 둘 다 적분값이 원주율을 갖는 특수한 성질을 갖는다. 놀라운 것은 적분 구간이 0에서 1까지는 원주율을 갖지만 (1)과 (2)의 적분 구간이 0에서 1이 아닌 구간에서는 적분값이 원주율을 갖지 않는다는 것이다. 예를 들어 $\int_0^2 \frac{\ln x}{1+x} dx$ $\fallingdotseq -0.675246$이다.

(3)은 149쪽 유리함수의 정적분 공식에 있는 (2)번 공식과 적분값을 보면 비슷하다. $\int_0^\infty \frac{1}{x^2+a^2} dx$과 $\int_0^\infty \frac{\ln x}{x^2+a^2} dx$은 각각 적분값이 $\frac{\pi}{2a}$와 $\frac{\pi \ln a}{2a}$로 단지 분자에 $\ln a$가 있는 차이가 있다.

71 삼각함수 정적분 공식

공식

(1) $\int_0^{\frac{\pi}{2}} \sin^2 x\, dx = \int_0^{\frac{\pi}{2}} \cos^2 x\, dx = \frac{\pi}{4}$

(2) $\int_0^{2\pi} \frac{dx}{a + b\sin x} = \frac{2\pi}{\sqrt{a^2 - b^2}}$

(3) $\int_0^{\infty} \sin ax^2 dx = \int_0^{\infty} \cos ax^2\, dx = \frac{1}{2}\sqrt{\frac{\pi}{2a}}$

(4) $\int_0^{\infty} \frac{\sin x}{\sqrt{x}} dx = \int_0^{\infty} \frac{\cos x}{\sqrt{x}} dx = \sqrt{\frac{\pi}{2}}$

정리

(1)은 삼각함수의 반각공식으로 증명이 된다.

$$\int_0^{\frac{\pi}{2}} \sin^2 x\, dx = \int_0^{\frac{\pi}{2}} \frac{1 - \cos 2x}{2} = \frac{1}{2}\int_0^{\frac{\pi}{2}} (1 - \cos 2x)\, dx = \frac{1}{2}\left[x - \frac{1}{2}\sin 2x\right]_0^{\frac{\pi}{2}}$$

$= \frac{\pi}{4}$ 이다.

(2), (3), (4)는 감마함수를 포함한 복잡한 적분계산으로 고등학교 교육과정을 벗어나므로 증명은 생략한다.

72 지수함수 정적분 공식

공식

(1) $\int_0^\infty e^{-ax}\cos bx\, dx = \frac{a}{a^2+b^2}$

(2) $\int_0^\infty e^{-ax^2} dx = \frac{1}{2}\sqrt{\frac{\pi}{a}}$

(3) $\int_0^\infty e^{-ax^2}\cos bx\, dx = \frac{1}{2}\sqrt{\frac{\pi}{a}}e^{-\frac{b^2}{4a}}$

정리

지수함수의 정적분 공식 3개 중에서 가우스 적분을 유도하는 정적분 공식인 (2)번이 가장 중요하다. 가우스 적분은 정규분포곡선 $f(x) = \frac{1}{\sqrt{2\pi}\,\sigma}e^{-\frac{(x-m)^2}{2\sigma^2}}$과 비슷한 형태인 $y=e^{-x^2}$을 적분한 것이다. 정규분포곡선과 $y=e^{-x^2}$은 가우스 함수 $f(x)=ae^{-\frac{(x-b)^2}{2c^2}}$에 특정한 조건을 준 것이기 때문에 서로 형태가 비슷하다.

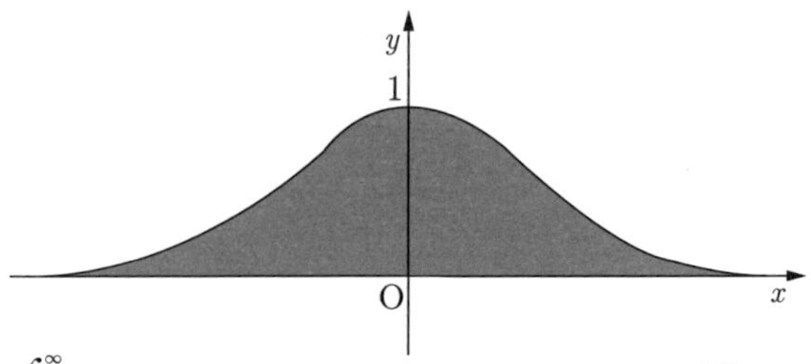

가우스 적분 $\int_{-\infty}^{\infty} e^{-x^2}$을 계산하면 위의 그래프의 색칠한 부분이 $\sqrt{\pi}$이다.

(2)번 공식 $\int_0^\infty e^{-ax^2}dx = \frac{1}{2}\sqrt{\frac{\pi}{a}}$ 에서 적분 구간을 2배 더 넓히면 $\int_{-\infty}^\infty e^{-ax^2}dx = \sqrt{\frac{\pi}{a}}$ 가 된다. 그리고 a에 1을 대입하면 가우스 적분 $\int_{-\infty}^\infty e^{-x^2}dx = \sqrt{\pi}$ (≒1.772)이다.

(2)번 공식을 통해 가우스 적분 $\int_{-\infty}^\infty e^{-x^2}dx$ 의 적분값을 $\sqrt{\pi}$ 로 계산했다.

73 적분넓이 공식

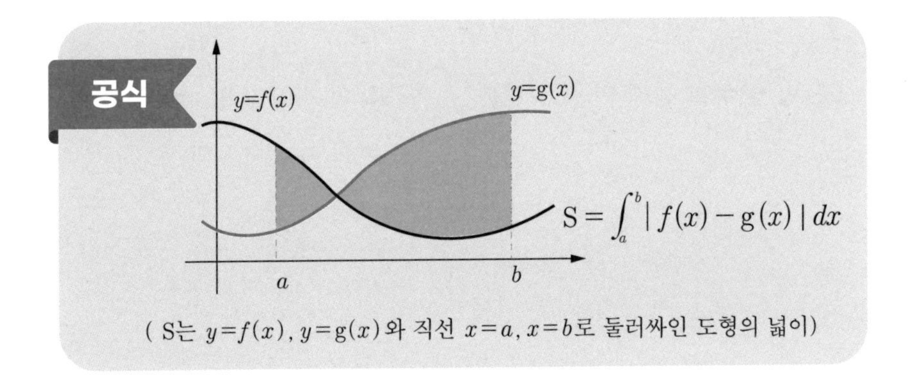

(S는 $y=f(x)$, $y=\mathrm{g}(x)$와 직선 $x=a$, $x=b$로 둘러싸인 도형의 넓이)

정리

두 개의 곡선 $y=f(x)$, $y=\mathrm{g}(x)$로 둘러싸인 도형의 넓이 S는 위에 있는 그래프의 식 $f(x)$에서 아래에 있는 $\mathrm{g}(x)$를 뺀 $f(x)-\mathrm{g}(x)$를 $x=a$에서 $x=b$까지 계산한 적분값이다.

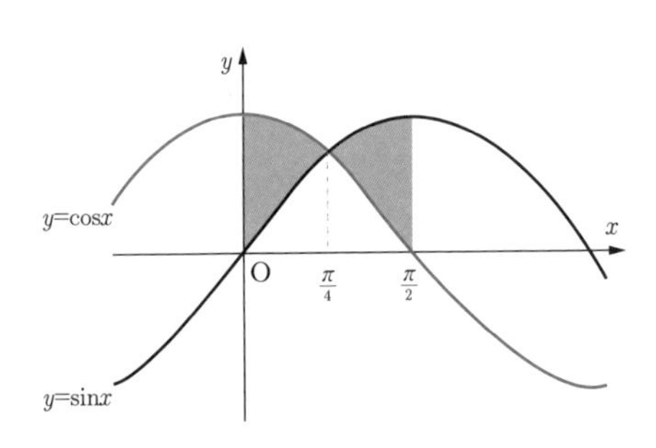

예를 들어 $y=\sin x$와 $y=\cos x$를 적분 구간 0에서 $\frac{\pi}{2}$까지 계산한 값을 구해보자. 그래프는 왼쪽과 같다.

적분 식을 세우면 $\int_0^{\frac{\pi}{2}} |\sin x - \cos x|\, dx = \int_0^{\frac{\pi}{4}} (\cos x - \sin x)\, dx$

$+\int_{\frac{\pi}{4}}^{\frac{\pi}{2}} (\sin x - \cos x)\, dx = \Big[\sin x + \cos x\Big]_0^{\frac{\pi}{4}} + \Big[-\cos x - \sin x\Big]_{\frac{\pi}{4}}^{\frac{\pi}{2}} = 2(\sqrt{2} - 1)$

예제 다음 $\sin x$와 $\tan x$와 $x = -\frac{\pi}{4}, x = \frac{\pi}{4}$로 둘러싸인 도형의 넓이를 구하시오.

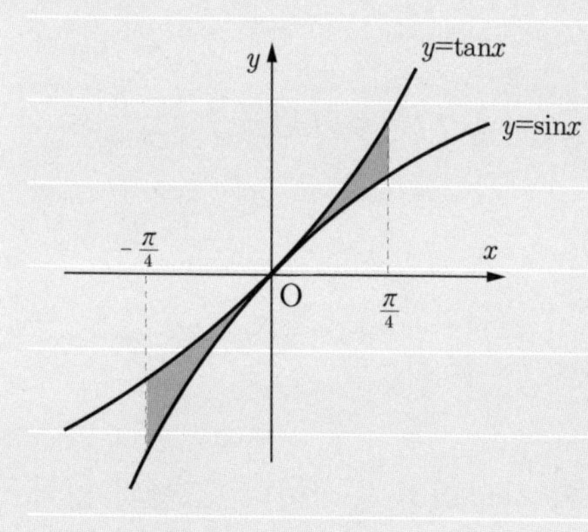

74 사다리꼴 공식

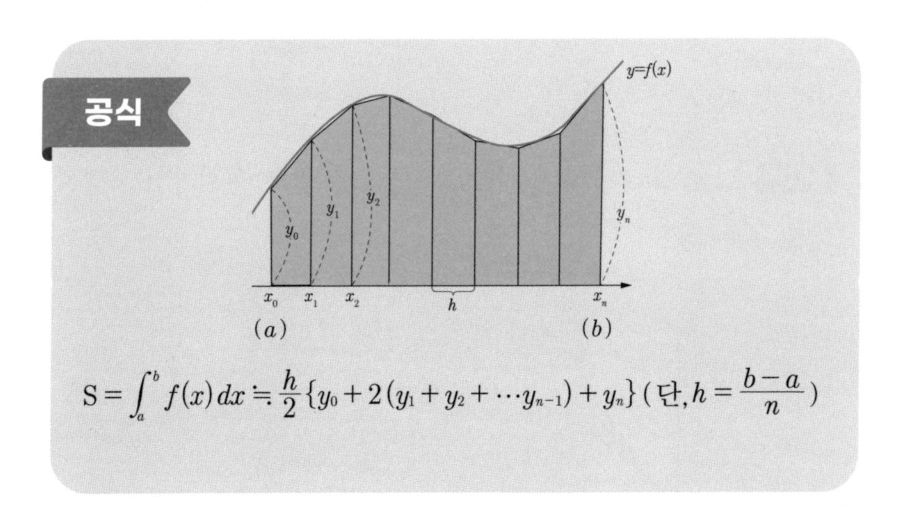

$$S=\int_a^b f(x)\,dx \fallingdotseq \frac{h}{2}\{y_0+2(y_1+y_2+\cdots y_{n-1})+y_n\}\ (\text{단}, h=\frac{b-a}{n})$$

정리

정적분을 계산하는 방법 중 하나가 사다리꼴 공식이다. 도형의 넓이에 가까운 근삿값을 구하는 방법으로, 직사각형을 여러 개로 분할하여 구하는 방법과 마찬가지로 여러 개의 사다리꼴로 나누어 그 합을 구한다. 정적분에서 직사각형의 모양으로 분할하여 합하는 것보다 사다리꼴 모양으로 분할하여 합하는 것이 더욱 정적분의 값에 근사하다는 것에 주안점을 두어 계산하는 방법이 사다리꼴 공식이다.

예를 들어 $y=x^2+1$을 10개의 사다리꼴로 분할하여 적분계산을 할 때 다음 표를 보고 계산한다.

x_n	y_n
0	1
0.1	1.01
0.2	1.04
0.3	1.09
0.4	1.16
0.5	1.25
0.6	1.36
0.7	1.49
0.8	1.64
0.9	1.81
1	2

$S=\frac{h}{2}\{y_0+2(y_1+y_2+\cdots y_{n-1})+y_n\}$ 에서 $h=\frac{b-a}{n}$에 $a=0, b=1,\ n=10$을 직접 대입하고, 왼쪽 표를 참고하면,

$S=\frac{1}{20}\{1+2\cdot(1.01+1.04+1.09+1.16+1.25+1.36+1.49+1.64+1.81)+2\}=1.335$이다.

그리고 사다리꼴을 20개로 분할하여 계산하면 1.33375, 100개는 1.33335이다. $\int_0^1(x^2+1)\,dx=1.\dot{3}$으로 사다리꼴을 더 여러 개로 분할하여 계산하면 참값에 더욱 가깝다.

예제 다음 표는 사다리꼴 공식으로 적분을 계산하기 위한 표이다. 표를 완성하고 $y=-2x^2+4$를 10개의 사다리꼴도 분할하여 적분하시오. (단 적분값은 소수점 아래 둘째 자릿수까지 구하시오.)

x_n	y_n
0	
0.1	
0.2	
0.3	
0.4	
0.5	
0.6	
0.7	
0.8	
0.9	
1	

75 속도 공식

공식

(1) 속도가 일정할 때 : 거리=속도×시간

(2) 속도가 $v(t)$일 때 : 거리$=\int_a^b v(t)\,dt$

($t=a$에 출발, $t=b$에 도착)

정리

속도가 $v(t)=3t-t^3$(m/sec)일 때 t초 후의 운동거리(위치)는 속도에 적분을 해서 $\int_0^t v(t)\,dt=\int_0^t (3t-t^3)\,dt=\frac{3}{2}t^2-\frac{1}{4}t^4$이다.

정적분으로 시간 t와 거리를 함께 나타낼 수 있다.

원점에서 움직이는 물체가 2초 후의 위치를 알고 싶다면

$$\int_0^2 v(t)\,dt=\int_0^2 (3t-t^3)\,dt=\left[\frac{3}{2}t^2-\frac{1}{4}t^4\right]_0^2=2\text{(m)}$$이다.

예제 물체가 원점에서 속도가 $v(t)=3t^2-5t$(m/sec)로 움직인다. 3초 후의 위치를 구하시오.

$$P(x=k) = \left\{ {n \atop k} \right\} p^k q^{n-k} \qquad (t = \cos x) \quad \sqrt{\tfrac{3}{2}}$$

$$\frac{1}{\gamma \pi} \quad 12\alpha \qquad \qquad \lim_B \qquad S = x^2 \qquad (n+$$

$$\int \qquad \qquad E(x) = \sum_{x-y}^{B} \quad ne^2 - P(x^2-P)(x=$$

$$\sin(\alpha) \qquad \int \ell \frac{dx}{\cos^2 x} \qquad \male \; \mars$$

$$\sin^2 = 3\pi \qquad \frac{}{A^2 x q^2 + B^2} \qquad y<$$

$$x = 2m^2 \qquad \qquad EMC \qquad \qquad \sin$$

$$\Sigma_{x=0} \qquad \underset{A \quad B \quad C}{}$$

$$lime_2 \qquad \lim \frac{\sqrt{x c \cos i} - \sqrt{x-y}}{3 \cos x 3 + \sqrt{y-e}} \quad x^3(3$$

$$\left(\tfrac{1}{2}\right)^{-x} = 1 \; \ell \; \frac{a^n}{bk} \} o^2 y \qquad x-5 \qquad \qquad \cos$$

$$2\pi^3 = \sin x \qquad 2\pi x \qquad \alpha + 3 = x^2 \qquad x^3 \qquad \frac{\sin}{Y=}$$

$$\sqrt{} = C \; 5x^2 \quad tg \qquad a^2 \qquad a^2 \qquad \frac{\sin \alpha^2}{6}$$

$$\log \frac{x}{y} = \log 2$$

$$(\cos x) = \cos(Z) \qquad \qquad KEC^2 [0,1$$

$$xem \; dy^3 \quad {}^3 C_{n+1} \qquad \qquad M \; \sum K$$

$$x3 \qquad \qquad m=0$$

$$\int \frac{\cos x \, dx}{2 - \sin^2 x} = \int \frac{dt - aCT \sin}{1 + 2x \; \tfrac{1}{2} C^{2-2P}}$$

$$= np \sum_{l=0} \left[{x=1 \atop lim} \right] c2 + x(-1) = xp \; x$$

$$a^2 \qquad a^0 = PK \; P($$

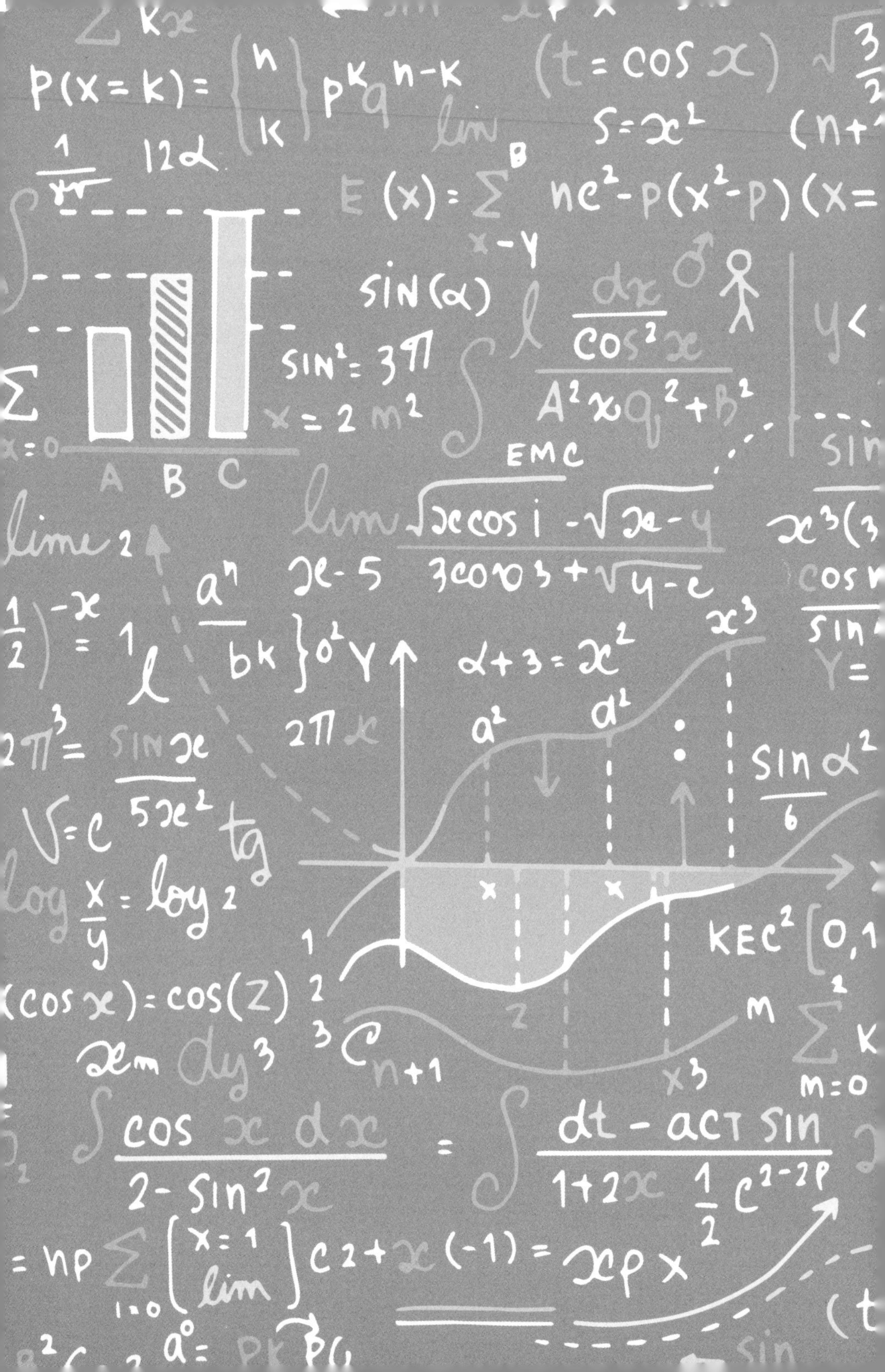

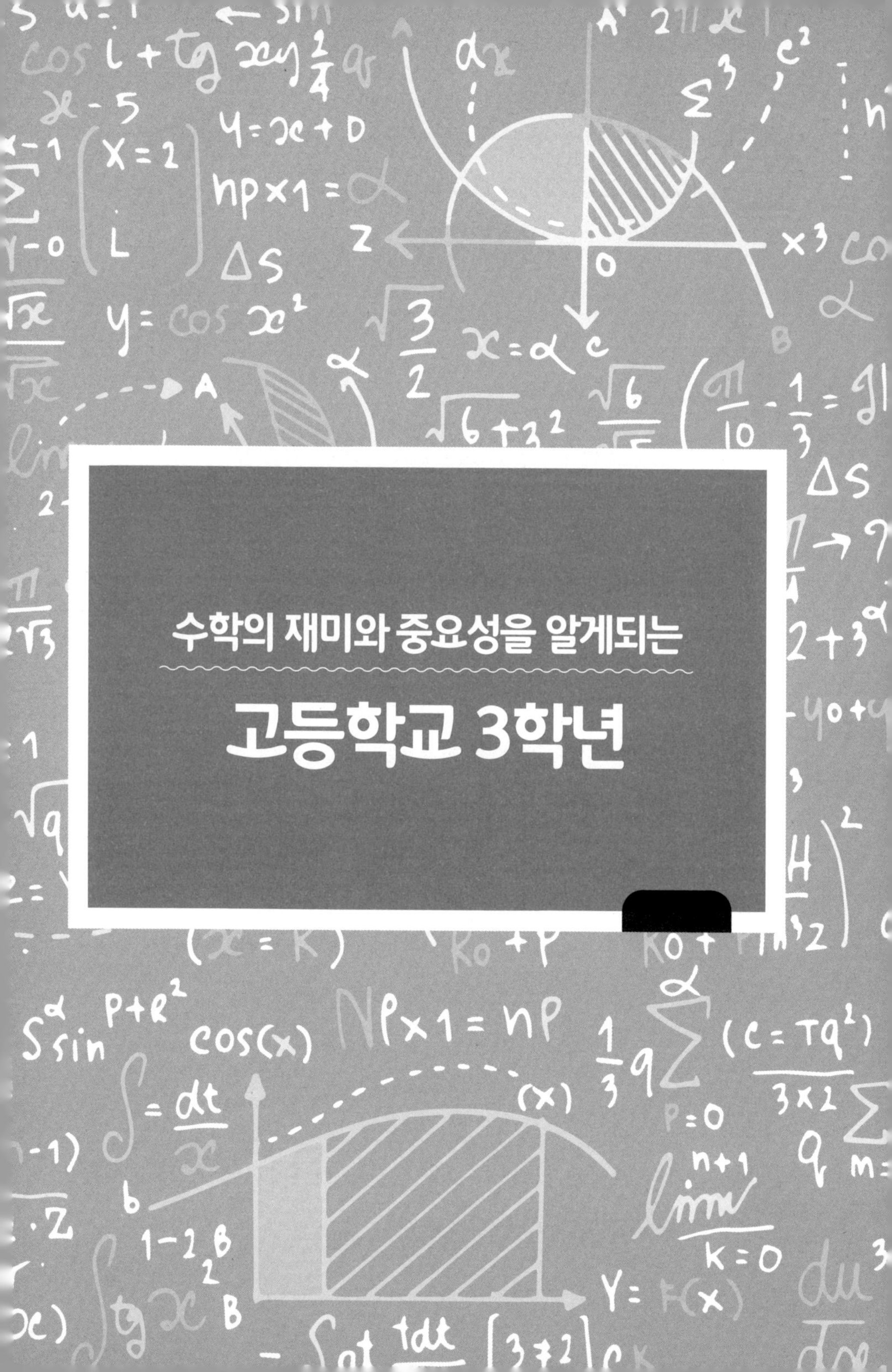
수학의 재미와 중요성을 알게되는
고등학교 3학년

76 이항정리

공식

$$(a+b)^n = \sum_{r=0}^{n} {}_nC_r a^{n-r} b^r$$

정리

이항정리는 두 항의 합의 식 $a+b$를 제곱, 3제곱, 4제곱, …할 때 전개식의 변화를 n제곱의 형태로 정리한 공식이다.

$$\begin{array}{c} 1 \\ 1 \quad 1 \\ 1 \quad 2 \quad 1 \\ 1 \quad 3 \quad 3 \quad 1 \\ 1 \quad 4 \quad 6 \quad 4 \quad 1 \\ 1 \quad 5 \quad 10 \quad 10 \quad 5 \quad 1 \\ \vdots \end{array}$$

$$\begin{array}{c} {}_0C_0 \\ {}_1C_0 \quad {}_1C_1 \\ {}_2C_0 \quad {}_2C_1 \quad {}_2C_2 \\ {}_3C_0 \quad {}_3C_1 \quad {}_3C_2 \quad {}_3C_3 \\ {}_4C_0 \quad {}_4C_1 \quad {}_4C_2 \quad {}_4C_3 \quad {}_4C_4 \\ {}_5C_0 \quad {}_5C_1 \quad {}_5C_2 \quad {}_5C_3 \quad {}_5C_4 \quad {}_5C_5 \\ \vdots \end{array}$$

파스칼의 삼각형은 위의 두 값을 합하여 아래의 값을 만드는 원리이다. ${}_nC_{r-1} + {}_nC_r = {}_{n+1}C_r$으로 예를 들어 ${}_2C_0 + {}_2C_1 = {}_3C_1$이 성립한다.

$(a+b)^0=1$ ➡ 1

$(a+b)^1=a+b$ ➡ 1 1

$(a+b)^2=a^2+2ab+b^2$ ➡ 1 2 1

$(a+b)^3=a^3+3a^2b+3ab^2+b^3$ ➡ 1 3 3 1

$(a+b)^4=a^4+4a^3b+6a^2b^2+4ab^3+b^4$ ➡ 1 4 6 4 1

$(a+b)^5=a^5+5a^4b+10a^3b^2+10a^2b^3+5ab^4+b^5$ ➡ 1 5 10 10 5 1

$\vdots$ $\vdots$

위 그림처럼 파스칼의 삼각형으로 나타낸다. 따라서 $(a+b)^n$의 n의 값이 커지면 파스칼의 삼각형으로 나타내므로 전개식의 계수를 알 수 있다.

예제 $(a+b)^7$을 이항정리를 이용하여 전개하시오.

77 집합의 분할 공식

공식

$$S(n,k)=\frac{1}{k!}\sum_{r=0}^{k}(-1)^{k-r}{}_{k}C_{r}\cdot r^{n}$$

정리

원소가 n개인 집합을 k개의 공집합이 아닌 서로소인 부분집합들의 합집합으로 나타낸 경우의 수를 $S(n, k)$로 나타낸다. 원소가 $\{a,b,c,d,e\}$인 5개의 원소가 2개의 부분집합으로 분할하면 $S(5,2)$로 나타내는 것이다.

집합의 분할은 경우의 수로 일일이 나누어서 분할하는 것도 가능하지만 경우의 수가 매우 크다면 실수할 수 있어 오류를 범하기 쉽다. 수학자 스털링이 집합의 분할 공식을 생성하여 복잡한 집합의 분할에 관한 복잡한 경우의 수도 계산할 수 있게 되었다.

3개의 원소 $\{a,b,c\}$가 있을 때 2개로 분할하는 경우의 수를 구해

보자.

$\{a\}|\{b,c\}$, $\{b\}|\{a,c\}$ $\{c\}|\{a,b\}$로 3가지의 경우의 수가 구해졌다. 그렇다면 $S(3,2)=\frac{1}{2!}\sum_{r=0}^{2}(-1)^{2-r}\cdot {}_2C_r\cdot r^3=\frac{1}{2}\cdot(-1)^1\cdot {}_2C_1\cdot 1^3+\frac{1}{2}\cdot(-1)^0\cdot {}_2C_2\cdot 2^3=-1+4=3$(가지)로 공식으로 검산된다.

그렇다면 알파벳 26개를 4개로 나누는 것을 구할 수 있을까?

경우의 수를 구하다가는 중복된 것을 세고, 경우의 수가 너무 많아서 포기할 가능성이 매우 크다. 식을 세우면 $\frac{1}{4!}\sum_{r=0}^{4}(-1)^{4-r}{}_4C_r\cdot r^{26}$이다. 이것을 계산하면 187,226,356,946,265로 무려 187조가 넘는 경우의 수가 나온다. 물론 매우 큰 경우의 수이지만 공식으로 계산하는 것이 시간이 오래 걸리더라도 일일이 집합을 분할하는 것보다는 훨씬 나을 것이다.

예제 5개의 문자 {가,나,다,라,마}가 있다. 2개의 부분집합으로 나누는 경우의 수를 구하시오,

78 조건부 확률 공식

공식

$$P(A|B)=\frac{P(A\cap B)}{P(B)}$$

정리

두 사건 A,B에 대해 사건 B가 발생했다는 조건에서 사건 A가 발생할 확률을 사건 $P(A|B)$로 나타내고 사건 B가 일어났을 때 사건 A의 조건부 확률로 부른다. 그리고 $P(A|B)=\frac{P(A\cap B)}{P(B)}$으로 구한다.

또는 $P(B|A)=\frac{P(A\cap B)}{P(A)}$로 구할 수 있다.

예를 들어 2개의 당첨제비가 있는 5개의 제비를 진수와 효선이가 순서대로 제비를 뽑는다고 하자. 효선이가 당첨제비를 뽑지 못하면 진수가 뽑을 확률을 구할 수 있을까?

여기서 제일 먼저 진수가 당첨제비를 뽑을 사건을 A로, 효선이가 당첨제비를 뽑지 못할 사건을 B로 하자.

그러면 구하고자 하는 것은 $P(A|B)$이다. 조건부 확률은

$\mathrm{P}(A|B)=\dfrac{\mathrm{P}(A\cap B)}{\mathrm{P}(B)}$ 이므로 조건부 확률을 구하려면 $\mathrm{P}(B)$와 $\mathrm{P}(A\cap B)$를 구한다.

$\mathrm{P}(B)$는 효선이가 당첨제비를 뽑지 못할 사건이므로 진수가 먼저 당첨제비를 뽑고 효선이가 당첨제비를 뽑지 못할 확률과 진수와 효선이가 차례대로 당첨제비를 뽑지 못할 확률을 더한다.

$\mathrm{P}(B)=\dfrac{2}{5}\times\dfrac{3}{4}+\dfrac{3}{5}\times\dfrac{2}{4}=\dfrac{3}{5}$ 이다.

$\mathrm{P}(A\cap B)$는 진수가 당첨제비를 뽑고 효선이는 뽑지 못할 확률이다.

그 결과 $\mathrm{P}(A\cap B)=\dfrac{2}{5}\times\dfrac{3}{4}=\dfrac{3}{10}$ 이다.

따라서 $P(A|B)=\dfrac{\frac{3}{10}}{\frac{3}{5}}=\dfrac{1}{2}$ 이다.

예제 4개의 당첨제비가 있는 10개의 제비 중에서 성수와 재영이가 순서대로 제비를 뽑는다고 하자. 꺼낸 제비는 다시는 넣지 않는다고 할 때 재영이가 당첨제비를 뽑지 못하고 성수가 뽑을 확률을 구하시오.

79 확률의 곱셈정리

공식

$$P(A \cap B) = P(A) \cdot P(B|A)$$

정리

확률의 곱셈정리는 조건부 확률 공식 $P(B|A) = \frac{P(A \cap B)}{P(A)}$을 $P(A \cap B) = P(A) \cdot P(B|A)$로 정리한 것이다. 확률의 곱셈정리는 두 사건 A,B가 동시에 발생할 확률을 구하는 공식이다.

$P(A \cap B) = P(B) \cdot P(A|B)$로도 성립한다.

예를 들어 두 사건 A,B에서 $P(A) = \frac{1}{2}$, $P(B|A) = \frac{1}{4}$이면

$P(A \cap B) = P(A) \cdot P(B|A) = \frac{1}{2} \cdot \frac{1}{4} = \frac{1}{8}$이다.

예제 두 사건 A, B에서 $\mathrm{P}(B)=\frac{1}{12}$, $\mathrm{P}(A|B)=\frac{3}{4}$일 때 $\mathrm{P}(A\cap B)$를 구하시오.

80 독립사건 공식

공식

A, B가 독립사건이면

$$\mathrm{P}(A \cap B) = P(A) \cdot \mathrm{P}(B)$$

정리

확률의 곱셈정리 $\mathrm{P}(A \cap B) = \mathrm{P}(\mathrm{A}) \cdot \mathrm{P}(B|A)$에서 $\mathrm{P}(B|A)$가 $\mathrm{P}(B)$이면 $\mathrm{P}(A \cap B) = \mathrm{P}(A) \cdot \mathrm{P}(B)$가 되는데 이것을 독립사건 공식이라 한다. 두 사건 A와 B가 서로 영향을 주지 않는 것이다.

예제 두 사건 A와 B가 서로 독립이고 $\mathrm{P}(A \cup B) = \frac{4}{9}$, $\mathrm{P}(B) = \frac{1}{5}$이면 $\mathrm{P}(A)$를 구하시오.

81 정규분포의 표준화 공식

공식

확률변수 X가 정규분포 $\mathrm{N}(m, \sigma^2)$에 새로운 확률변수 $Z=\frac{X-m}{\sigma}$을 이용하여 표준정규분포 $\mathrm{N}(0, 1)$로 표준화한다.

정리

정규분포 $\mathrm{N}(m, \sigma^2)$ 중에서 평균이 0이고 표준편차가 1인 정규분포 $\mathrm{N}(0, 1^2)$가 표준정규분포이다. 정규분포 $\mathrm{N}(m, \sigma^2)$에 새로운 확률변수 $Z=\frac{X-m}{\sigma}$으로 확률분포를 $\mathrm{N}(0, 1)$로 표준화한다.

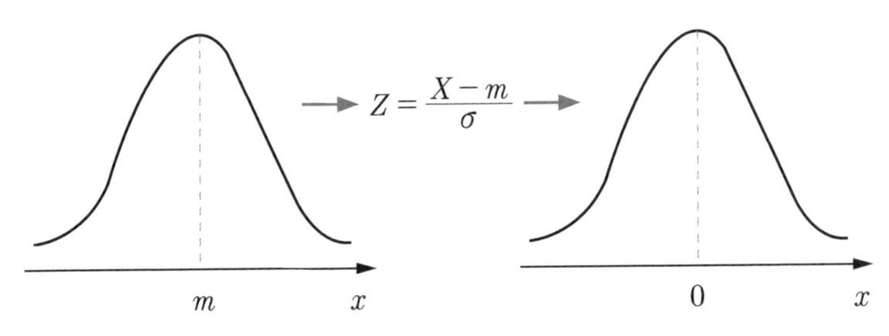

정규분포 Z를 이용하여 표준정규분포로 표준화한다.

예를 들어 어느 고등학교 3학년 학생들의 키가 정규분포 $N(175, 5^2)$을 따르면 키가 170 이상 180 이하에 있는 학생은 전체의 몇 %인지를 구할 수 있을까?

참고로 표준정규분포표에서 $P(0 \le Z \le 1)$는 0.341이다.

$$P(170 \le X \le 180) = P\left(\frac{170-175}{5} \le Z \le \frac{180-175}{5}\right)$$

$$= P(-1 \le Z \le 1) = P(-1 \le Z \le 0) + P(0 \le Z \le 1) = 2P(0 \le Z \le 1)$$

$$= 2 \times 0.341 = 0.682$$

예제 두 확률변수 X,Y가 있다. 각각 정규분포를 따르는데 $N(60, 9^2)$, $N(70, 10^2)$이다. $P(42 \le X \le 60)$와 $P(k \le Y \le 70)$가 같을 때 k값을 구하시오.

82 표준정규분포값 공식

공식

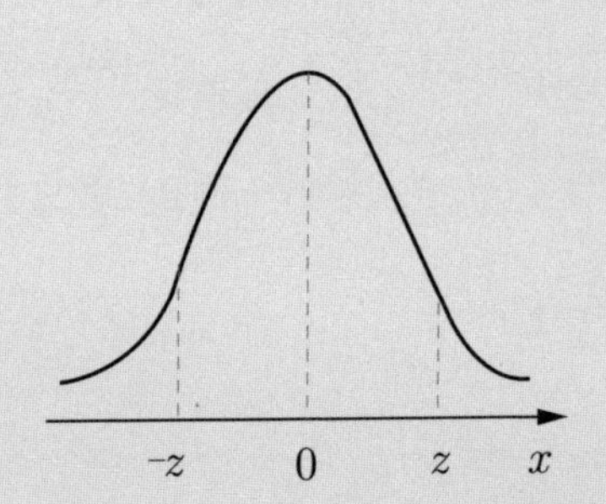

확률변수 Z가 표준정규분포 N(0, 1)에 대응하는 $P(|Z| \leq z)$의 값.

z	$P(\|Z\| \leq z)$
1.64	0.9
1.96	0.95
2.58	0.99

(단, $P(|Z| \leq z)$의 값은 소수점 아래 셋째 자릿수에서 반올림한다.)

정리

정규분포를 표준정규분포로 표준화하면 z값으로 확률 $P(|Z| \leq z)$을 구할 수 있다. 공식의 도표는 표준정규분포에서 많이 사용하는 z의

확률 $P(|Z| \le z)$을 나타낸 것인데 z가 각각 1.64,1.96, 2.58일 때 확률 $P(|Z| \le z)$는 0.9, 0.95, 0.99이며 z값이 커지면 확률 $P(|Z| \le z)$의 값도 같이 커진다.

예제 $P(Z \le -1.64) + P(Z \ge 1.64)$를 공식에 나타난 도표를 보고 계산하시오.

83 모분산 공식

공식

$$\sigma^2 = \frac{1}{N}\sum_{i=1}^{N}(X_i - m)^2$$

정리

σ^2은 모집단 $\{X_1, X_2, \cdots, X_N\}$의 모분산 공식이다. m은 모평균이며 모든 모집단의 변량과 평균의 차를 제곱한 것을 더한 후 전체 변량 N개로 나눈 것으로 구한다.

변량과 평균의 차를 편차라고 한다. 통계적 추측에서 전수조사와 표본조사가 있는데, 전수조사는 조사의 대상이 자료(변량) 전체이고, 표본조사는 자료의 일부를 뽑아서 전체를 추정하는 것이다.

모분산 공식은 전체 변량을 조사하여 하는 것이기 때문에 계산이 복잡할 수도 있고 시간이 많이 걸리는 단점이 있다. 그러나 변량이 정확한 수치이면 알고자 하는 조사에 충분한 자료로 통계적으로 증명된다.

예제 모집단의 변량이 $\{1, 2, 5, 6, 5, 7, 4, 6, 7, 7\}$ 이고 평균은 5일 때 분산을 구하시오.

84 모표준편차 공식

공식

$$\sigma = \sqrt{\frac{\sum_{i=1}^{N}(X_i - m)^2}{N}}$$

정리

σ는 모집단 $\{X_1, X_2, \cdots, X_N\}$의 모표준편차 공식이다. m은 모평균이며 모분산에 제곱근을 씌운 것이다. 모표준편차도 모분산과 마찬가지로 전수조사에서 알 수 있는 계산값이다.

예제 영아는 식물채집으로 채송화를 10일 동안 모았다. 첫날부터 열흘까지 5(송이), 10(송이), 7(송이), 9(송이), 11(송이), 4(송이), 10(송이), 7(송이), 12(송이), 15(송이)를 채집했다. 채집한 채송화의 표준편차를 구하시오.

85 표본분산 공식

공식

$$s^2 = \frac{1}{n-1}\sum_{i=1}^{n}(X_i - \overline{X})^2$$

정리

s^2는 표본분산이고 $\overline{X}$는 표본평균이다. 모분산은 σ^2으로, 표본분산은 s^2으로 표기방법이 다르다.

변량과 평균과의 편차 제곱들의 합을 $n-1$로 나누는데, $n-1$로 나누면 표본분산은 모집단 분산을 한 쪽으로 치우치지 않게 추정할 수 있다.

예제 윤철이의 스마트폰 요금을 2023년 1월부터 4월까지 4개월간 자료를 얻었다. 각각 25,670(원), 26,400(원), 25,550(원), 26,300(원)이다. 그렇다면 스마트폰 요금의 표본분산을 구하시오.

86 표본표준편차 공식

공식

$$s = \sqrt{\frac{\sum_{i=1}^{n}(X_i - \overline{X})^2}{n-1}}$$

정리

s는 표본표준편차이며 $\overline{X}$는 표본평균이다. 표본표준편차는 분산의 제곱근이다. 분산과 표준편차를 계산하면 분산은 변동을 나타내므로 숫자가 크다. 그래서 변량의 산포 정도를 이해하는 데 어려우나 표준편차는 이해하기 쉽다.

예제 어느 초등학교의 학생 중에서 5명을 임의로 뽑아 갖고 있는 연필의 개수를 조사했다. 5명은 각각 2(자루), 4(자루), 3(자루), 6(자루), 5(자루)씩 갖고 있었다. 이에 대한 표본표준편차를 구하시오.(단 $\sqrt{10} \fallingdotseq 3.162$로 계산한다.)

87 표준오차 공식

공식

$$S.E = \frac{s}{\sqrt{n}} \quad (s : \text{표본표준편차}, n : \text{표본의 크기})$$

정리

S.E는 Standard Error의 약자로 표준오차를 뜻한다. 표준오차 공식 S.E는 $\frac{s}{\sqrt{n}}$로 표본평균의 표준편차이다. 즉 표본의 표준편차를 n의 제곱근으로 나누면 구할 수 있다. 표준편차와 표준오차가 헷갈리는 경우가 많다. 변량이 평균에서 떨어진 정도를 나타낸 것이 표준편차이면 표본의 평균이 모평균에서 떨어진 정도를 나타낸 것은 표준오차이다.

표본의 크기가 커지면 표준오차는 감소한다. 이는 표본의 크기가 클수록 표본평균에 의한 모수(모평균, 모분산, 모표준편차)의 추정이 더욱 정확해지므로 표준오차는 감소하는 것이다.

88 95%의 신뢰구간 공식

공식

$$\left[\overline{X}-1.96\times\frac{\sigma}{\sqrt{n}},\ \overline{X}+1.96\times\frac{\sigma}{\sqrt{n}}\right]$$

정리

표본조사로 구한 모수가 어느 구간에 있을 것으로 추정할 때 추정이 옳은 확률을 신뢰도라 하며 그 구간을 신뢰구간으로 부른다.

모집단이 정규분포 $N(m,\sigma^2)$에 대응하고 신뢰도가 95%이면 모집단 평균 m의 범위는 $\overline{X}-1.96\times\frac{\sigma}{\sqrt{n}}\le m\le\overline{X}+1.96\times\frac{\sigma}{\sqrt{n}}$이다. 그리고 95%의 신뢰 구간 공식은 $\left[\overline{X}-1.96\times\frac{\sigma}{\sqrt{n}},\ \overline{X}+1.96\times\frac{\sigma}{\sqrt{n}}\right]$이다.

여기서 $\frac{\sigma}{\sqrt{n}}$ 앞의 숫자인 ±1.96은 평균을 중심으로 좌우로 표준편차의 1.96배 이내에 있을 확률은 95%인 것을 의미한다.

문제를 하나 풀어보자.

유리구슬을 생산하는 어느 공장에서 무게는 정규분포를 이룬다. 생산하는 유리구슬 중 100개를 임의로 추출할 때 무게의 평균이 20(g), 표준편차는 3(g)이다. 신뢰도 95%로 모평균 m을 추정할 때 최솟값을 구하는 문제가 있다. 모평균 m을 추정하면 $\overline{X}-1.96\times\frac{\sigma}{\sqrt{n}}\le m\le\overline{X}+1.96\times\frac{\sigma}{\sqrt{n}}$이므로 $\overline{\mathrm{X}}=20$, $n=100$, $\sigma=3$을 대입하면 $20-1.96\times\frac{3}{\sqrt{100}}\le m\le 20+1.96\times\frac{3}{\sqrt{100}}$으로 정리되어 $19.412\le m\le 20.588$이므로 최솟값은 19.412(g)이다.

95%의 신뢰구간의 길이는 $2\times1.96\times\frac{\sigma}{\sqrt{n}}$으로 적용해 구할 수 있다.

예제 코르크 마개 생산 공장에서는 코르크 마개를 지름의 평균이 2.5(cm), 표준편차는 0.1(cm)로 생산한다. 생산은 정규분포를 따르고, 코르크 마개 400개를 임의 추출한다면 신뢰도 95%로 모평균 m을 추정할 때 최댓값을 구하시오,

89 99%의 신뢰구간 공식

공식

$$\left[\overline{X}-2.58\times\frac{\sigma}{\sqrt{n}},\ \overline{X}+2.58\times\frac{\sigma}{\sqrt{n}}\right]$$

정리

99%의 신뢰구간은 $\frac{\sigma}{\sqrt{n}}$ 앞의 숫자가 ± 2.58이다. 이것은 평균을 중심으로 좌우로 표준편차의 2.58배 이내에 있을 확률은 99%인 것을 의미한다.

신뢰구간의 길이는 $2\times 2.58\times\frac{\sigma}{\sqrt{n}}$로 적용해 구할 수 있다.

예제 분산이 9인 정규분포에 대응하는 모집단 크기가 n인 표본을 임의로 추출하여 신뢰도 99%로 모평균을 추정하려 한다. 신뢰구간의 길이가 1 이하가 되도록 n의 최솟값을 구하시오.(단 표본의 크기 n은 자연수이다.)

90 공분산 공식

공식

$$Cov((X,Y) = \mathrm{E}((X-\mu_X)(Y-\mu_Y))$$

(X,Y : 확률변수, $\mu_X=\mathrm{E}(X)$, $\mu_Y=\mathrm{E}(Y)$: X와 Y의 기댓값,

$Cov(X,Y)$: X와 Y의 공분산)

정리

공분산은 두 변수 간의 선형관계를 측정하는 척도이다. 큰 수의 양의 공분산은 강한 양의 상관관계를, 큰 수의 음의 공분산은 강한 음의 상관관계를 의미한다.

우선 이번 공식과 다음 공식에서 알아둘 기호가 있다. 모집단의 평균은 변량이 X 1개일 때는 모평균을 m으로 했지만 변량이 X, Y로 2개일 때는 μ_X와 μ_Y로 한다. μ는 영어의 m에 해당하는 그리스어로 '뮤'로 읽는다. 고등학교 수학에는 변량 X가 1개이므로 모평균을 m으로 사용하지만 대학교부터는 μ_X와 μ_Y로 사용한다. 외국 고등학교에서 우리보다 더 빨리 μ_X와 μ_Y를 도입해 사용하는 경우도 있다.

다음 표는 어느 초등학교 1학년 학생의 키와 체중을 나타낸 표로, X는 키(cm), Y는 체중(kg)을 나타낸 것이다.

X	Y	$X-\mu_X$	$Y-\mu_Y$	$(X-\mu_X)(Y-\mu_Y)$
126	22	3.6	−3.3	−11.88
121	25	−1.4	−0.3	0.42
119	29	−3.4	3.7	−12.58
117	19	−5.4	−6.3	34.02
120	24	−2.4	−1.3	3.12
123	27	0.6	1.7	1.02
124	28	1.6	2.7	4.32
125	26	2.6	0.7	1.82
122	28	−0.4	2.7	−1.08
127	25	4.6	−0.3	−1.38
합계				17.8

공분산은 $\mathrm{E}((X-\mu_X)(Y-\mu_Y))$이므로 $\frac{17.8}{10}=1.78$이다. 표본집단의 변량을 조사한 것이면 공분산을 구할 때 10으로 나누는 것이 아니라 $10-1$인 9로 나눈다.

예제 어느 중학교에서 한 학급의 독서량과 국어 성적을 방학 동안에 조사한 것이다. 공분산을 구하시오.

독서량(X)	국어성적(Y)	$X-\mu_X$	$Y-\mu_Y$	$(X-\mu_X)(Y-\mu_Y)$
1	80			
2	95			
0	55			
2	82			
5	95			
4	100			
1	68			
2	77			
3	92			
1	71			
합계				

91 상관계수 공식

공식

$$(1)\ \rho_{X,Y} = \frac{Cov(X,Y)}{\sigma_X \sigma_Y}$$

$$(2)\ r = \frac{\Sigma(X-\overline{X})(Y-\overline{Y})}{\sqrt{\Sigma(X-\overline{X})^2 \times \Sigma(Y-\overline{Y})^2}}$$

정리

(1)과 (2)는 공분산 공식과 연관하여 상관계수를 구하는 공식이다. 단 (1)은 모집단에 대한 피어슨 모상관계수이고, (2)는 표본 집단을 통한 모집단의 상관관계를 추정하는 피어슨 표본상관계수이다.

예제 두 개의 변수 X, Y가 있다. X는 방송횟수이고, Y는 매출수익(백만 원)이다. 다음 표의 빈 칸을 채우고 이를 토대로 계산기를 이용해 두 변수 간의 피어슨 표본상관계수를 구하시오.(단 피어슨 표본상관계수는 소수점 아래 5자릿수에서 반올림하시오)

X	Y	$X-\overline{X}$	$(X-\overline{X})^2$	$Y-Y$	$(Y-\overline{Y})^2$	$(X-\overline{X})(Y-\overline{Y})$
10	50					
16	80					
29	150					
12	70					
20	100					
40	200					
35	175					
55	275					
31	160					
22	100					
합계						

92 정규분포의 합 공식

공식

$$\begin{cases} X \sim \mathrm{N}(\mu_X, \sigma^2{}_X) \\ Y \sim \mathrm{N}(\mu_Y, \sigma^2{}_Y) \Rightarrow aX + bY \sim \mathrm{N}(a\mu_X + b\mu_Y, a^2\sigma^2{}_X + b^2\sigma^2{}_Y) \\ X\text{와 } Y\text{는 독립} \end{cases}$$

정리

정규분포의 합 공식은 '정규분포의 가법성 공식'이라고도 한다. 두 독립적 정규분포의 덧셈정리에 관한 공식이다. 이 공식으로 두 정규분포의 합은 더해도 정규분포의 형태를 갖는다. 두 확률변수를 $aX+bY$로 일차결합하면 평균은 계수인 a배, b배를 곱해서 더하며 분산은 a^2배, b^2배 곱해서 더한다.

93 타원의 방정식 공식

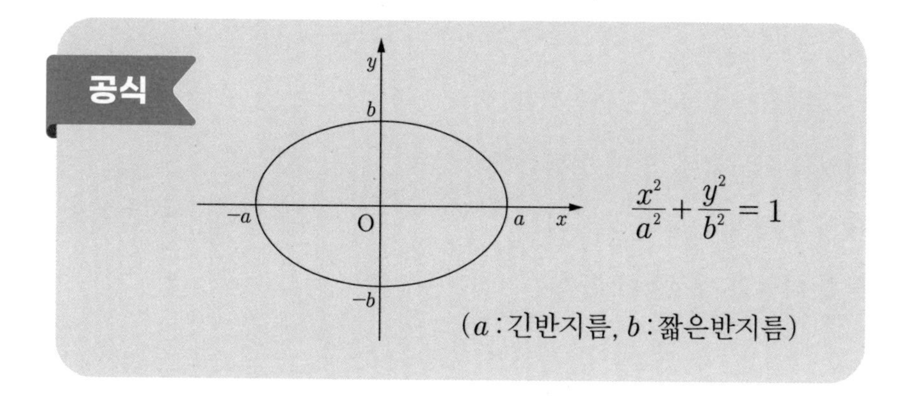

정리

평면 위의 두 정점에서 거리의 합이 일정한 점의 자취를 타원이라 한다. 그리고 두 정점을 타원의 초점이라 한다. $\overline{\mathrm{PF}}+\overline{\mathrm{PF'}}=$(일정)할 때 점 P의 자취가 바로 타원이다. F와 F′ 는 두 개의 초점이다.

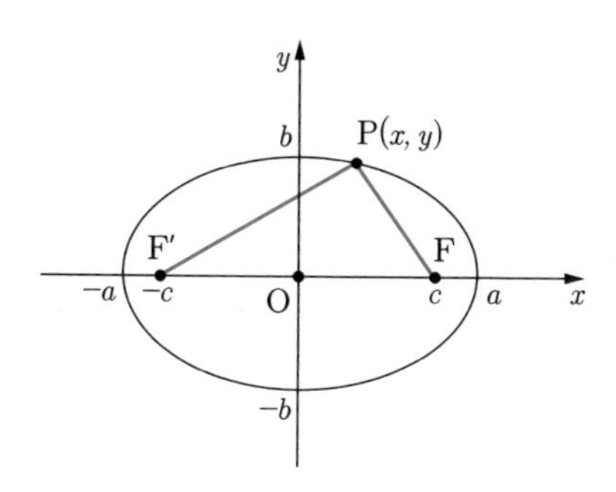

타원의 방정식은 장축의 길이가 $2a$, 단축의 길이가 $2b$이며 $\frac{x^2}{a^2}+\frac{y^2}{b^2}=1$으로 나타낸다. 이때 $a>b>0$이며 $c^2=a^2-b^2$이다. 타원의 방정식은 짧은반지름 a와 긴반지름 b의 길이를 알면 식을 세울 수 있다.

타원의 방정식은 일반적으로 2가지로 나뉘는데, 이미 설명한 형태의 방정식과 달리 위아래로 길쭉한 타원의 방정식이 있다.

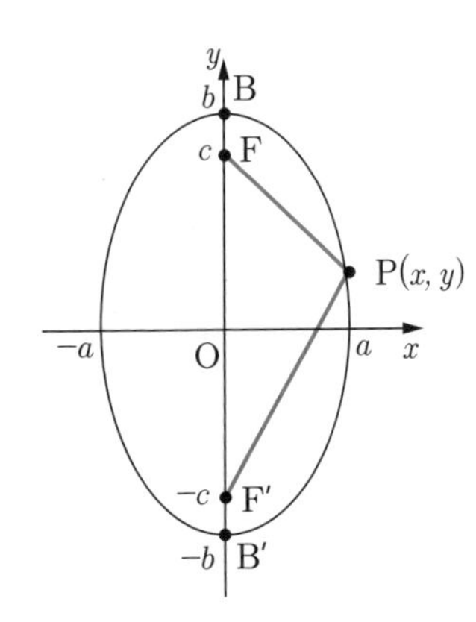

두 초점의 좌표가 $F(0, c)$, $F'(0, -c)$이고 $b>a>0$인 관계이다. 장축과 단축의 길이는 $2b$와 $2a$이다. $c^2=b^2-a^2$이 성립한다.

예제 장축의 길이가 12이고, 단축의 길이가 4인 타원의 방정식을 세우시오.

94 타원의 이심률 공식

공식

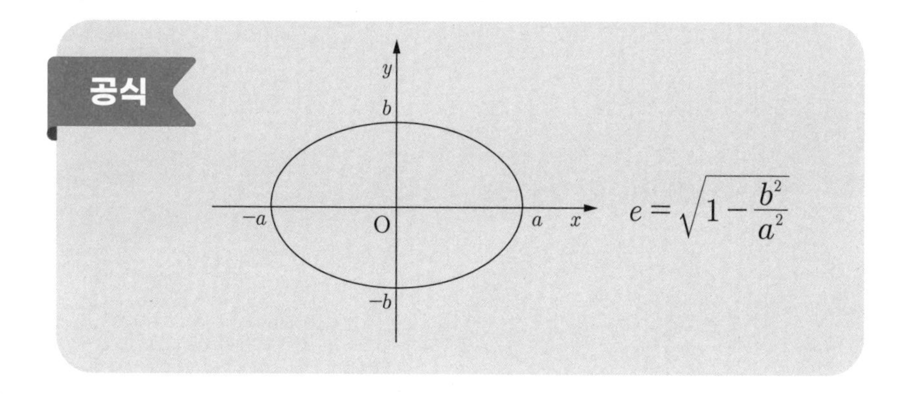

$$e=\sqrt{1-\frac{b^2}{a^2}}$$

정리

이심률은 이차 곡선의 특징으로 타원의 초점이 벗어나는 정도를 나타내는 양이다. 이심률은 $\frac{\text{초점과의 거리}}{\text{준선과의 거리}}$이다. 이심률이 0인 도형은 원이며, 타원은 0과 1 사이를, 포물선은 1을 , 쌍곡선은 1보다 큰 값을 갖는다.

타원의 이심률 공식 $e=\sqrt{1-\frac{b^2}{a^2}}$로 타원의 장축과 단축의 길이를 알면 구할 수 있다. 예를 들어 장축의 길이가 4이고 단축의 길이가 2이면 $a=2$, $b=1$이므로 이심률 $e=\sqrt{1-\frac{1^2}{2^2}}=\frac{\sqrt{3}}{2}$이다.

예제 장축의 길이가 8이고, 단축의 길이가 6인 타원의 이심률을 구하시오.

95 쌍곡선의 표준형 공식

공식

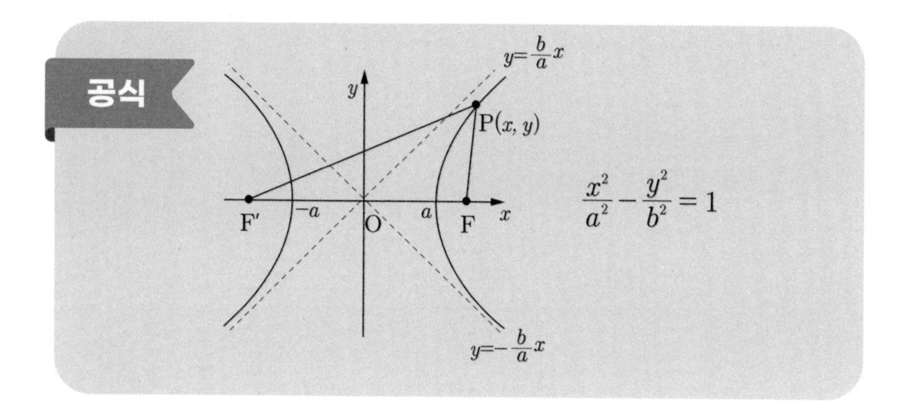

$$\frac{x^2}{a^2}-\frac{y^2}{b^2}=1$$

정리

쌍곡선의 방정식은 두 초점 $F(c,0)$과 $F'(-c,0)$으로부터 거리의 차(주축의 길이)가 $2a$로 $\frac{x^2}{a^2}-\frac{y^2}{b^2}=1$로 나타낸다. $c>a>0$이며 $c^2=a^2+b^2$이다. 점근선의 방정식은 $y=\pm\frac{b}{a}x$이다.

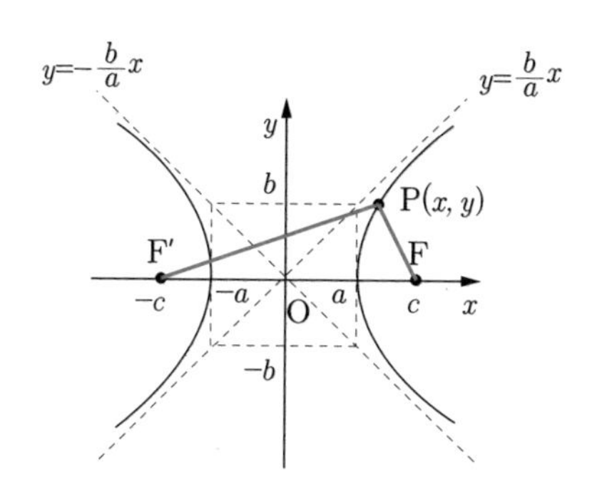

쌍곡선의 방정식은 타원의 방정식처럼 다른 형태가 있는데 $\frac{x^2}{a^2}-\frac{y^2}{b^2}=-1$이다. 두 초점 $F(0, c)$와 $F'(0, -c)$로부터 거리의 차(주축의 길이)가 $2b$이며 $c^2=a^2+b^2$이다. 또한 $c>b>0$이며 점근선의 방정식은 $y=\pm\frac{b}{a}x$이다.

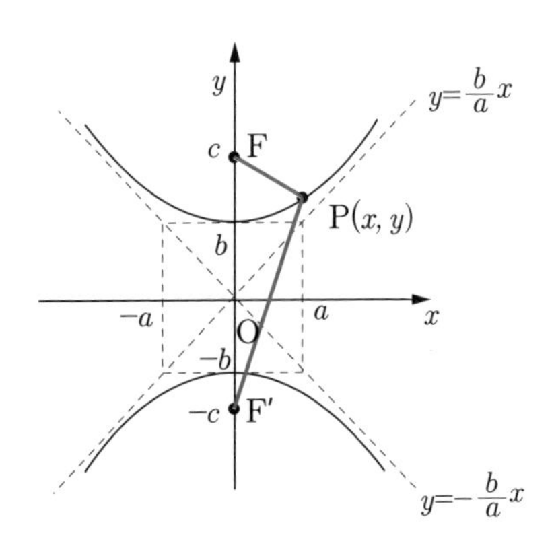

예제 주축의 길이가 4이고 초점이 $F(-3,0)$, $F'(3,0)$인 쌍곡선의 방정식을 구하시오.

96 쌍곡선의 이심률 공식

공식

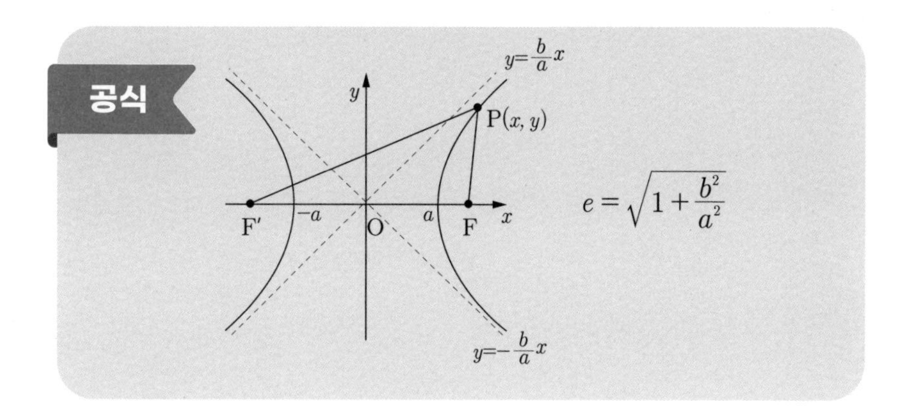

정리

쌍곡선의 이심률 e는 1보다 크다. 공식은 $e=\sqrt{1+\frac{b^2}{a^2}}$이다.

예제 쌍곡선의 방정식 $\frac{x^2}{16}-\frac{y^2}{25}=1$의 이심률을 구하시오.

97 벡터의 길이 공식

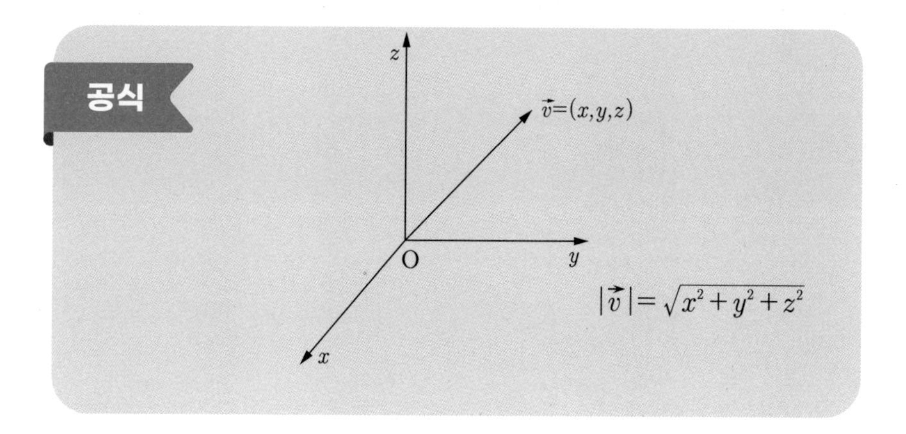

정리

$\vec{v}$가 (x,y,z)일 때 벡터의 길이는 $|\vec{v}|$로 나타내며 $\sqrt{x^2+y^2+z^2}$으로 구한다. 직육면체의 가로, 세로, 높이가 a,b,c일 때 대각선의 길이를 $\sqrt{a^2+b^2+c^2}$으로 구한 것과 같은 방법이다.

예제 $\vec{v}$가 $(5, 6, -2)$일 때 벡터의 길이 $|\vec{v}|$를 구하시오.

98 벡터의 내적 공식

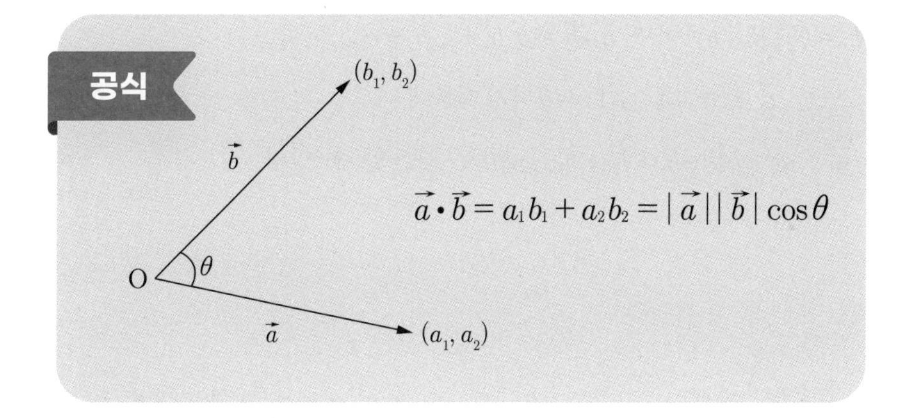

정리

벡터의 내적은 $\vec{a}$ 와 $\vec{b}$ 2개의 벡터의 크기의 곱과 이루는 각도인 코사인의 곱이며, 크기를 숫자로만 갖는 스칼라값이다.

두 벡터를 $\vec{a}=(a_1, a_2)$와 $\vec{b}=(b_1, b_2)$로 하면 $\vec{a} \cdot \vec{b} = a_1 b_1 + a_2 b_2$로 계산할 수 있다. 예를 들어 두 벡터의 성분이 $\vec{a}=(-3, 1)$, $\vec{b}=(-2, 2)$이면 내적 $\vec{a} \cdot \vec{b}$은 $(-3) \cdot (-2) + 1 \cdot 2 = 8$이다.

두 벡터 $\vec{a}$와 $\vec{b}$가 이루는 각을 θ로 하면 벡터의 내적을 $|\vec{a}||\vec{b}|\cos\theta$로 구한다. $\vec{a}=(a_1, a_2)$와 $\vec{b}=(b_1, b_2)$로 하면 $|\vec{a}| = \sqrt{a_1^2 + a_2^2}$으로, $|\vec{b}| = \sqrt{b_1^2 + b_2^2}$으로 구할 수 있다. 두 벡터가 이루는 각 θ를 구하려면 $\cos\theta = \frac{\vec{a} \cdot \vec{b}}{|\vec{a}||\vec{b}|}$로 식을 변형하여 구할 수 있다.

2개의 벡터가 서로 나란히 향한다면 이루는 각도는 0이므로 벡터의 내적은 벡터의 크기를 곱한 것이 되며 서로 수직을 이루면 0이다. 3차원 벡터에서 점 z의 좌표의 성분이 하나씩 더 늘면 $\vec{a}=(a_1, a_2, a_3)$, $\vec{b}=(b_1, b_2, b_3)$이면 $\vec{a}\cdot\vec{b}=a_1b_1+a_2b_2+a_3b_3$이다.

또한 $\vec{a}\cdot\vec{b}$는 $|\vec{a}||\vec{b}|\cos\theta$이기 때문에,
$\sqrt{a_1^2+a_2^2+a_3^2}\cdot\sqrt{b_1^2+b_2^2+b_3^2}\cdot\cos\theta$로 계산할 수 있다.

예제 두 벡터 $\vec{a}=(-1,2)$, $\vec{b}=(1,3)$이 이루는 각 θ를 구하시오.

99 벡터의 내적을 이용한 삼각형의 넓이 공식

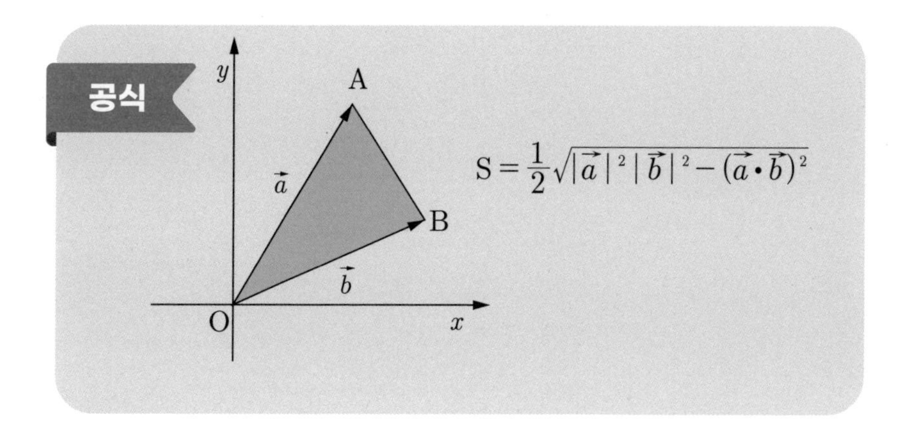

정리

두 벡터의 크기와 내적을 알면 삼각형의 넓이를 구할 수 있는 공식이 있다. 삼각형 OAB에서 $\overline{\text{OA}}$를 $\vec{a}$, $\overline{\text{AB}}$를 b로 할 때 삼각형의 넓이를 구하는 공식은 $S=\frac{1}{2}\sqrt{|\vec{a}|^2|\vec{b}|^2-(\vec{a}\cdot\vec{b})^2}$ 이다.

또한 $S=\frac{1}{2}|a_1b_2-a_2b_1|$로도 구할 수 있다.

예제 원점 O와 A(−1, 5), B(2, 3)으로 둘러싸인 삼각형 ABC의 넓이를 벡터의 내적을 이용하여 구하시오.

100 벡터의 외적 공식

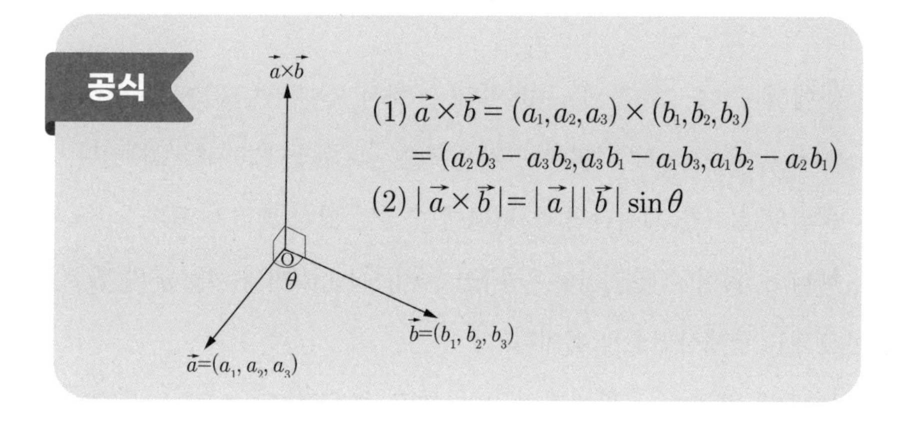

(1) $\vec{a}\times\vec{b}=(a_1,a_2,a_3)\times(b_1,b_2,b_3)$
$=(a_2b_3-a_3b_2,a_3b_1-a_1b_3,a_1b_2-a_2b_1)$

(2) $|\vec{a}\times\vec{b}|=|\vec{a}||\vec{b}|\sin\theta$

정리

벡터의 외적은 두 벡터가 이루는 평행사변형에 수직인 방향을 계산하거나 평행사변형의 넓이를 계산하는데 편리한 계산 방법이다. 벡터의 내적은 결과값이 스칼라값이지만 벡터의 외적은 벡터값이다. 따라서 벡터의 외적은 크기와 방향을 모두 갖는다.

두 벡터 $\vec{a}$와 $\vec{b}$의 외적을 계산하기 위해 x, y, z의 성분이 $\vec{a}=(a_1, a_2, a_3)$, $\vec{b}=(b_1, b_2, b_3)$일 때 $\vec{a}$와 $\vec{b}$의 성분을 두 번씩 적고, 맨 앞의 열과 맨 마지막의 열을 삭제하고 그 다음부터는 서로 교차하여 곱한 후 빼어 구한다. 예를 들어 $\vec{a}=(-7,6,2)$, $\vec{b}=(5,-1,4)$으로 하면 다음 그림처럼 교차하여 계산한다.

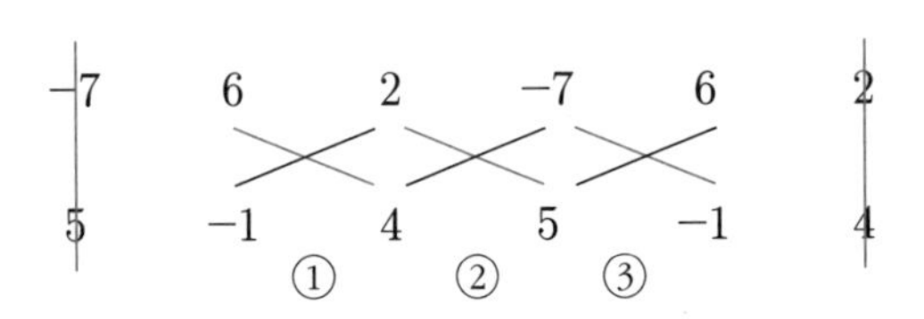

①에서 $6\times4-2\times(-1)=26$이다. ②에서 $2\times5-(-7)\times4=38$, ③에서 $(-7)\times(-1)-6\times5=-23$이므로 $\vec{a}\times\vec{b}$는 $(26, 38, -23)$이다.

벡터의 외적을 계산하면 두 벡터에 수직인 법선 벡터가 된다.

벡터의 외적의 크기 $|\vec{a}\times\vec{b}|$는 $|\vec{a}||\vec{b}|\sin\theta$이다. 즉 $\vec{a}$와 $\vec{b}$로 결정되는 평행사변형의 넓이다.

벡터의 외적은 교환법칙이 성립하지 않으며, $\vec{a}\times\vec{b}=-\vec{b}\times\vec{a}$이다.

예제 두 공간벡터 $\vec{a}=(3, 4, -1)$, $\vec{b}=(-5, -7, 1)$일 때 $\vec{a}$와 $\vec{b}$의 외적을 구하시오,

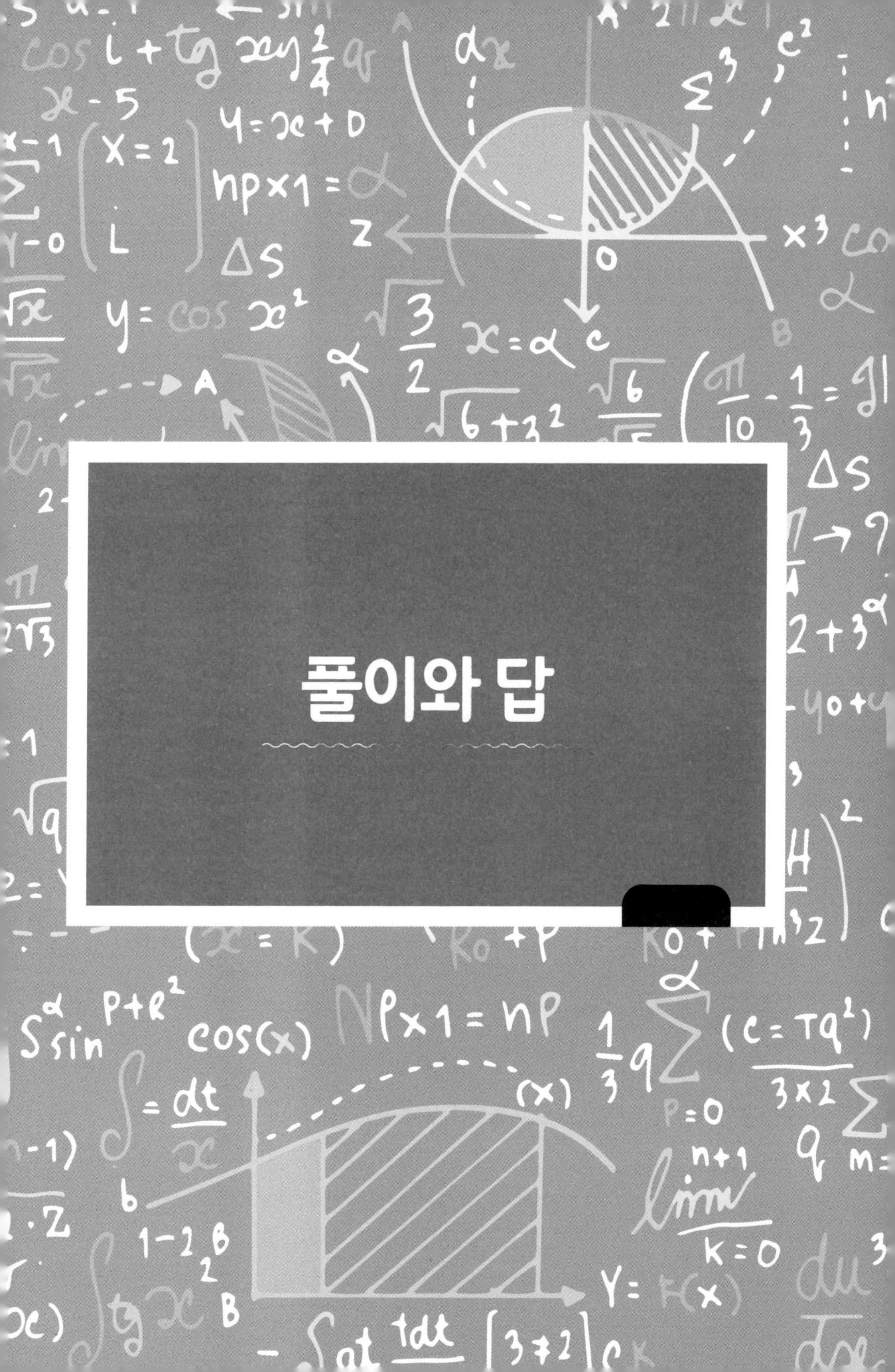

풀이와 답

1

풀이 제곱근 안의 $7=2+5=\sqrt{2^2}+\sqrt{5^2}$ 이므로

$\sqrt{7+2\sqrt{10}}=\sqrt{(\sqrt{2})^2+2\sqrt{10}+(\sqrt{5})^2}=\sqrt{(\sqrt{2}+\sqrt{5})^2}$

답 $\sqrt{2}+\sqrt{5}$

2

풀이 공식 $\frac{\sqrt{5+2\sqrt{5}}}{2}a$에 정오각형의 한 변의 길이 2를 대입하면

$h=\frac{\sqrt{5+2\sqrt{5}}}{2}\times 2=\sqrt{5+2\sqrt{5}}$

답 $\sqrt{5+2\sqrt{5}}$

3

풀이 장축의 길이가 6이면 긴반지름 a의 길이는 3, 단축의 길이가 4이면 짧은반지름 b의 길이는 2이다. 따라서 $\mathrm{S}=\pi ab$에서 $\mathrm{S}=\pi\times3\times2=6\pi$

답 6π

4

풀이 측정값은 100명, 이론값은 89명이므로 오차율(%) $=\frac{|\text{측정값}-\text{이론값}|}{\text{이론값}}\times 100$을 대입하면 오차율$=\frac{|100-89|}{89}\times100=12.3595\cdots$이므로 소수점 아래 셋째 자릿수에서 반올림하면 12.36%이다.

답 12.36%

5

풀이 (A)의 상대오차$=\dfrac{0.25}{200}\times 100=0.125(\%)$

(B)의 상대오차$=\dfrac{1.5}{100}\times 100=1.5(\%)$

답 (B)

7

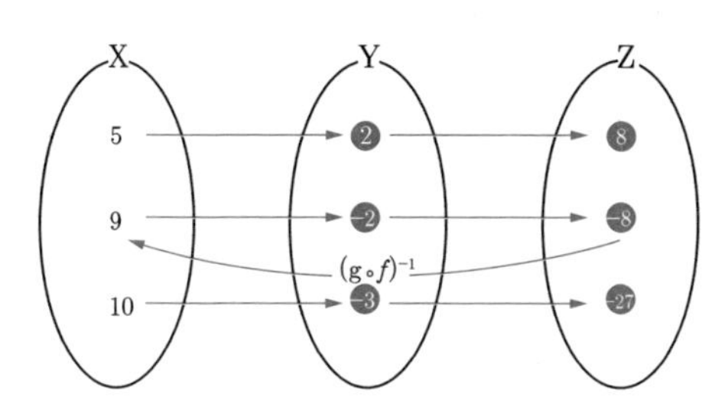

그림처럼 $(g\circ f)^{-1}(z)=9$를 만족시키는 z값은 -8이다.

답 빈칸 순서대로 2, 8, -2, -8, -3, -27, z값은 -8

8

풀이 $A^{-1}=\dfrac{1}{(-1)\cdot(-9)-1\cdot 8}\begin{pmatrix}-9 & -1\\ -8 & -1\end{pmatrix}=\begin{pmatrix}-9 & -1\\ -8 & -1\end{pmatrix}$

답 $\begin{pmatrix}-9 & -1\\ -8 & -1\end{pmatrix}$

11

풀이 정삼각형 ABC의 넓이는 $S=\dfrac{abc}{4R}$에 대입하여 구한다. a, b, c가 모두 2이고 넓이는 $\sqrt{3}$으로 주어졌으므로 $\sqrt{3}=\dfrac{2\times 2\times 2}{4R}$에서 $R=\dfrac{2\sqrt{3}}{3}$

답 $\dfrac{2\sqrt{3}}{3}$

12

풀이 $\sin^2\alpha+\cos^2\alpha=1$이므로 $\cos\alpha=\pm\sqrt{1-\sin^2\alpha}$ 에서 $\cos\alpha$는 제1사분면의 값이므로 0보다 크므로 $\cos\alpha=\sqrt{1-\sin^2\alpha}$ 이다.

$\cos\alpha=\sqrt{1-\sin^2\alpha}=\sqrt{1-\left(\frac{1}{3}\right)^2}=\frac{2\sqrt{2}}{3}$

답 $\frac{2\sqrt{2}}{3}$

14

풀이 $\angle A=30^\circ$ 이며 $x=\sqrt{3}\cos 30^\circ+\sqrt{2}\cos 45^\circ=\frac{5}{2}$

답 $\frac{5}{2}$

15

풀이 $(3\sqrt{2})^2=3^2+3^2-2\cdot3\cdot3\cos A$를 풀면 $\cos A=0$에서 $\angle A=\frac{\pi}{2}$

답 $\frac{\pi}{2}$

16

풀이 탄젠트 공식 $\frac{a-b}{a+b}=\frac{\tan\left(\frac{A-B}{2}\right)}{\tan\left(\frac{A+B}{2}\right)}$을 이용하여

$a=6$, $b=4$, $\angle A+\angle B=120^\circ$를 대입하여 정리하면 $\tan\left(\frac{A-B}{2}\right)=\frac{\sqrt{3}}{5}$ 이다. 문제 조건에서 $\tan x=\frac{\sqrt{3}}{5}$을 만족하는 $\angle x=19^\circ$로 $\frac{A-B}{2}=19$.

$A-B=38$, $A+B=120$을 연립방정식으로 풀면 $\angle A=79^\circ$, $\angle B=41^\circ$

답 $\angle A=79^\circ$, $\angle B=41^\circ$

17

풀이 $\cos(\alpha-\beta)=\cos\alpha\cos\beta+\sin\alpha\sin\beta=\frac{2\sqrt{2}}{3}\times\frac{\sqrt{7}}{4}+\frac{1}{3}\times\frac{3}{4}=$
$\frac{\sqrt{14}}{6}+\frac{1}{4}=\frac{1}{12}(3+2\sqrt{14})$

답 $\frac{1}{12}(3+2\sqrt{14})$

18

풀이 $\tan 75^\circ=\tan(30^\circ+\tan 45^\circ)=\frac{\tan 30^\circ+\tan 45^\circ}{1-\tan 30^\circ\tan 45^\circ}=\frac{\frac{1}{\sqrt{3}}+1}{1-\frac{1}{\sqrt{3}}\times 1}$
$=2+\sqrt{3}$

답 $2+\sqrt{3}$

19

풀이 $\sqrt{3}\sin x+\cos x=2\left(\frac{\sqrt{3}}{2}\sin x+\frac{1}{2}\cos x\right)=2\left(\cos\frac{\pi}{6}\sin x+\sin\frac{\pi}{6}\cos x\right)$
$=2\sin\left(x+\frac{\pi}{6}\right)$

답 $2\sin\left(x+\frac{\pi}{6}\right)$

20

풀이 $\tan 2\alpha=\frac{2\tan\alpha}{1-\tan^2\alpha}=\frac{2\times\left(\frac{1}{\sqrt{3}}\right)}{1-\left(\frac{1}{\sqrt{3}}\right)^2}=\sqrt{3}$

답 $\sqrt{3}$

21

풀이 135°를 3α로 하면 $\alpha=45^\circ$, 호도법을 이용하면 $\cos\left(\frac{3}{4}\pi\right)=4\cos^3\left(\frac{\pi}{4}\right)$
$-3\cos\frac{\pi}{4}=4\cdot\left(\frac{\sqrt{2}}{2}\right)^3-3\cdot\left(\frac{\sqrt{2}}{2}\right)=-\frac{\sqrt{2}}{2}$

답 $-\frac{\sqrt{2}}{2}$

22

풀이 $\cos^2\frac{\theta}{2} = \frac{1+\cos\theta}{2} = \frac{1}{6}$ 이므로 $\cos\theta = -\frac{2}{3}$ 이다.

$\tan\theta = -\frac{\sqrt{5}}{2}$ 이므로 $\tan 2\theta = \frac{2\tan\theta}{1-\tan^2\theta} = \frac{2\times\left(-\frac{\sqrt{5}}{2}\right)}{1-\left(-\frac{\sqrt{5}}{2}\right)^2} = 4\sqrt{5}$

답 $4\sqrt{5}$

23

풀이 삼각함수의 곱셈공식 $\cos\alpha\cos\beta = \frac{1}{2}\{\cos(\alpha+\beta)+\cos(\alpha-\beta)\}$ 를 이용하면 $\cos45^\circ\cos15^\circ = \frac{1}{2}\{\cos(45^\circ+15^\circ)+\cos(45^\circ-15^\circ)\}$

$= \frac{1}{2}\times(\cos60^\circ+\cos30^\circ) = \frac{1+\sqrt{3}}{4}$

답 $\frac{1+\sqrt{3}}{4}$

24

풀이 $\cos80^\circ+\cos40^\circ = 2\cos\frac{80^\circ+40^\circ}{2}\cos\frac{80^\circ-40^\circ}{2}$

$= 2\cos60^\circ.\cos20^\circ = \cos20^\circ$

답 $\cos20^\circ$

25

풀이 $\sin120^\circ = 2\sin60^\circ\cos60^\circ = 2\times\frac{\sqrt{3}}{2}\times\frac{1}{2} = \frac{\sqrt{3}}{2}$

답 $\frac{\sqrt{3}}{2}$

26

풀이 $\cos^2 15° = \frac{1+\cos(2\times 15°)}{2} = \frac{1+\cos 30°}{2} = \frac{2+\sqrt{3}}{4}$

$\therefore \cos 15° = \frac{\sqrt{6}+\sqrt{2}}{4}$

답 $\frac{\sqrt{6}+\sqrt{2}}{4}$

27

풀이 $\tan^2 \frac{\alpha}{2} = \frac{1-\cos\alpha}{1+\cos\alpha}$ 이므로 $\alpha = 30°$ 를 대입하면

$\tan^2 15° = \frac{1-\cos 30°}{1+\cos 30°} = (2-\sqrt{3})^2 = 7-4\sqrt{3}$

$\therefore \tan 15° = 2-\sqrt{3}$

답 $2-\sqrt{3}$

28

풀이 공식은 $S = \frac{a^2}{4}\sqrt{25+10\sqrt{5}}$ 이므로 $a=4$를 대입하면

$S = \frac{4^2}{4}\cdot\sqrt{25+10\sqrt{5}} = 4\sqrt{25+10\sqrt{5}}$

답 $4\sqrt{25+10\sqrt{5}}$

29

풀이 매년 초(1월 1일)에 적립하는 금액을 a(만 원)으로 정하면 기수불 원리합계는 $\frac{a\times 1.1\times(1.1^{10}-1)}{0.1} = 4400$(만원)이다. 따라서 $a=250$(만 원)

답 250만 원

30

풀이 이달 말부터 매달 a원씩 할부금을 갚는다면 12개월 후의 원리합계

$= \dfrac{a(1.012^{12}-1)}{0.012} = 12.5a$ ……①

200만 원의 12개월 후의 원리합계는 $200\times(1+0.012)^{12}=200\times1.15$

$=230$(만 원)……②

①=②이므로 $12.5a=230$

$\therefore a=18.4$

답 184,000원

31

풀이 $r=\left(\dfrac{72000}{30000}\right)^{\frac{1}{20}}-1=\left(\dfrac{12}{5}\right)^{\frac{1}{20}}-1 \fallingdotseq 0.045$로 약 4.5%의 증가율을 나타낸다.

답 약 4.5%

32

풀이 $\displaystyle\sum_{k=1}^{n}k^2=\frac{1}{6}n(n+1)(2n+1)$을 이용하면 $1^2+2^2+3^2+\cdots+100^2=$
$\dfrac{1}{6}\times100\times(100+1)\times(2\times100+1)=338350$

답 338350

33

풀이

a_n	2		3		5		9		17		…
b_n		1		2		4		8			…

계차수열 $b_n=2^{n-1}$이므로 $a_n=2+\dfrac{1\cdot(2^{n-1}-1)}{2-1}=2^{n-1}+1$

답 $a_n=2^{n-1}+1$

34

풀이 $a_{n+1}=3a_n+4$

양 변에 2를 더하면

$a_{n+1}+2=3(a_n+2)$

공비가 3이고, 첫째 항이 $3(=a_1+2)$인 일반항의 수열로 하면

$a_n+2=3\cdot 3^{n-1}$

$\therefore\ a_n=3^n-2$

답 $a_n=3^n-2$

35

풀이 $\lim_{n\to\infty}\left(1+\frac{10}{n}\right)^n=\lim_{n\to\infty}\left(1+\frac{10}{n}\right)^{\frac{n}{10}\cdot 10}=\lim_{n\to\infty}\left\{\left(1+\frac{10}{n}\right)^{\frac{n}{10}}\right\}^{10}=e^{10}$

답 e^{10}

36

풀이 $\lim_{x\to\infty}(1+x)^{\frac{2}{1+x}}=\lim_{x\to\infty}\left\{(1+x)^{\frac{1}{1+x}}\right\}^2=1^2=1$

답 1

37

풀이 $a=\frac{3}{2},r=\frac{2}{3}$이므로 $S_n=\frac{a}{1-r}=\frac{\frac{3}{2}}{1-\frac{2}{3}}=\frac{9}{2}$

답 $\frac{9}{2}$

39

풀이 $\sum_{n=0}^{\infty}\frac{n}{5^n}$을 공식 $\sum_{n=0}^{\infty}nx^n=\frac{x}{(1-x)^2}$에 적용하면 $x=\frac{1}{5}$이므로

$\frac{\frac{1}{5}}{\left(1-\frac{1}{5}\right)^2}=\frac{5}{16}$

답 $\frac{5}{16}(=0.3125)$

43

풀이 $\frac{\Delta y}{\Delta x}=\frac{2^3-1^3}{2-1}=7$

답 7

44

풀이 $\frac{d}{dx}\sqrt[3]{x}=\frac{d}{dx}x^{\frac{1}{3}}=\frac{1}{3}x^{\frac{1}{3}-1}=\frac{1}{3\sqrt[3]{x^2}}$

답 $\frac{1}{3\sqrt[3]{x^2}}$

45

풀이 $y'=(2x+1)'=(2x)'+1'=2$

답 2

46

풀이 $y'=(3x-1)'(x^2+1)+(3x-1)(x^2+1)'=3(x^2+1)+(3x-1)$

$\cdot 2x=9x^2-2x+3$

답 $9x^2-2x+3$

47

풀이 $f(0)=2$, $g(2)=0$이며, $f'(x)=3x^2-2$에서 $x=0$을 대입하면 $f'(0)=-2$이다. $g'(2)=\frac{1}{f'(0)}=-\frac{1}{2}$이므로 문제에서 $8g'(2)=8\cdot\left(-\frac{1}{2}\right)=-4$

답 -4

48

풀이 $y' = \lim_{h \to 0} \frac{f(x+h)-f(x)}{h}$

$= \lim_{h \to 0} \frac{\cos(x+h) - \cos x}{h}$

삼각함수의 덧셈정리를 적용하면

$= \lim_{h \to 0} \frac{\cos x \cos h - \sin x \sin h - \cos x}{h}$

$= \lim_{h \to 0} \left(\cos x \cdot \frac{(\cos h - 1)}{h} - \sin x \cdot \frac{\sin h}{h} \right)$

$\frac{(\cos h - 1)}{h} = 0$, $\frac{\sin h}{h} = 1$

$= -\sin x$

※ $\lim_{h \to 0} \frac{\cosh - 1}{h} = 0$인 증명은 다음과 같다.

$$\lim_{h \to 0} \frac{\cosh - 1}{h} = \lim_{h \to 0} \frac{\cos^2 h - 1}{h(\cosh + 1)} = \lim_{h \to 0} \frac{-\sin^2 h}{h(\cosh + 1)} = \lim_{h \to 0} \frac{\sinh}{h} \cdot \frac{-\sinh}{\cosh + 1} = 0$$

$\frac{\sinh}{h} = 1$, $\frac{-\sinh}{\cosh + 1} = 0$

49

풀이 $\cos^{-1} x = y$로 하면 $x = \cos y$

양 변을 미분하면

$1 = -\sin y \cdot y'$

y'에 관하여 정리하면

$y' = \frac{1}{-\sin y}$

$\sin^2 y + \cos^2 y = 1$이므로

$\sin y = \sqrt{1 - \cos^2 y}$를 대입하면

$y' = -\frac{1}{\sqrt{1 - \cos^2 y}}$

$x = \cos y$이므로 $\cos y$ 대신 x를 대입하면

$y' = -\frac{1}{\sqrt{1 - x^2}}$

50

풀이 $y' = \frac{(2x)'}{2x} = \frac{2}{2x} = \frac{1}{x}$

답 $\frac{1}{x}$

51

풀이 $\frac{d}{dx}2^x = 2^x \ln 2$

답 $2^x \ln 2$

53

풀이 기울기 $y' = e^x$인 접선의 방정식은 접점 $(2, 4)$를 지나며 $y = e^2 \cdot (x-2) + 4$이다. 이를 정리하면 $y = e^2x - 2e^2 + 4$

답 $y = e^2x - 2e^2 + 4$

54

풀이 $x = t, y = -2t^3$으로, 치환하여 2번씩 미분하면 $x' = 1, x'' = 0, y' = -6t^2$, $y'' = -12t$이다.

곡률 공식에 대입하면, $k = \frac{|1 \times (-12t) - (-6t^2) \times 0|}{\{1^2 + (-6t^2)^2\}^{\frac{3}{2}}} = \frac{12|t|}{\sqrt{(1+36t^4)^3}}$

다시 t 대신 x를 대입하면 곡률 $k = \frac{12|x|}{\sqrt{(1+36x^4)^3}}$

답 $\frac{12|x|}{\sqrt{(1+36x^4)^3}}$

55

답 $\int (2x+1)dx = x^2 + x + 3$

56

풀이 $\int x^4 dx = \frac{1}{4+1}x^{4+1} + C = \frac{1}{5}x^5 + C$

답 $\frac{1}{5}x^5 + C$

57

풀이 부분적분법 공식 $\int f'(x)g(x)dx = f(x)g(x) - \int f(x)g'(x)dx$을 이용하여 풀려면 x를 $f(x)$, $(2x+1)$을 $g(x)$로 정한다.

$$\int x(2x+1)dx = \frac{1}{2}x^2 \cdot (2x+1) - \int \frac{1}{2}x^2 \cdot 2dx = \frac{2}{3}x^3 + \frac{1}{2}x^2 + C$$

답 $\frac{2}{3}x^3 + \frac{1}{2}x^2 + C$

58

풀이 $\int \cot x dx = \int \frac{\cos x}{\sin x} dx$

$\sin x = t$로 치환하면

$$= \int \frac{\cos x}{t} dx$$

$\sin x = t$를 양 변을 미분하여

$dx = \frac{dt}{\cos x}$를 대입하면

$$= \int \frac{\cos x}{t} \cdot \left(\frac{dt}{\cos x}\right)$$

$$= \int \frac{1}{t} dx$$

$$= \ln|t| + C$$

$t = \sin x$이므로

$$= \ln|\sin x| + C$$

59

풀이 $\int x^2 \ln(3x)dx = \frac{1}{3}x^3 \ln(3x) - \int \frac{1}{3}x^3 \cdot \frac{1}{x}dx = \frac{1}{3}x^3 \ln(3x)$

$- \int \frac{1}{3}x^2 dx = \frac{1}{3}x^3 \ln(3x) - \frac{1}{9}x^3 + C = \frac{1}{3}x^3\left(\ln(3x) - \frac{1}{3}\right) + C$

답 $\frac{1}{3}x^3\left(\ln(3x) - \frac{1}{3}\right) + C$

60

풀이 $\int 7^x dx = \frac{7^x}{\ln 7} + C$

답 $\frac{7^x}{\ln 7} + C$

61

풀이 $\int \frac{dx}{\sqrt{x^2+1}} dx = \ln|x + \sqrt{x^2+1}| + C$를 적용하면

$\int \frac{1}{\sqrt{x^2+4}} dx = \ln|x + \sqrt{x^2+4}| + C$

답 $\ln|x + \sqrt{x^2+4}| + C$

62

풀이 $\int_0^\pi \cos x\, dx = \left[\sin x\right]_0^\pi = \sin\pi - \sin 0 = 0$

답 0

63

답 $\cos x$

64

풀이 $\int_2^4 (7x+8)\,dx = \left[\frac{7}{2}x^2 + 8x\right]_2^4 = \left(\frac{7}{2} \times 4^2 + 8 \times 4\right) - \left(\frac{7}{2} \times 2^2 + 8 \times 2\right)$

$= 88 - 30 = 58$

답 58

66

풀이 $\int_3^1 (5x^2+3)\,dx = -\int_1^3 (5x^2+3)\,dx = -\left[\frac{5}{3}x^3+3x\right]_1^3$

$= -\left\{\frac{5}{3}\cdot(3)^3+3\cdot 3-\left(\frac{5}{3}\cdot(1)^3+3\cdot 1\right)\right\} = -\frac{148}{3}$

답 $-\frac{148}{3}$

67

풀이 $3-x$를 t로 치환하고, $dx=-dt$이다. 아래 끝은 3, 위 끝은 2이므로

$\int_0^1 \frac{1}{\sqrt{3-x}}\,dx = -\int_3^2 \frac{1}{\sqrt{t}}\,dt = \int_2^3 \frac{1}{\sqrt{t}}\,dt = \left[2\sqrt{t}\right]_2^3 = 2(\sqrt{3}-\sqrt{2})$

답 $2(\sqrt{3}-\sqrt{2})$

68

풀이 $\int_0^\infty \frac{1}{x^2+4}\,dx$은 (2)의 공식에서 $a=2$이므로 대입하면 $\frac{\pi}{2\cdot 2}=\frac{\pi}{4}$

답 $\frac{\pi}{4}$

69

풀이 $\int_0^a \sqrt{a^2-x^2}\,dx = \frac{\pi a^2}{4}$을 이용하면 $a=2\sqrt{2}$ 이므로

$\int_0^{2\sqrt{2}} \sqrt{8-x^2}\,dx = \int_0^{2\sqrt{2}} \sqrt{(2\sqrt{2})^2-x^2}\,dx = \frac{\pi\cdot(2\sqrt{2})^2}{4} = 2\pi$

답 2π

73

풀이 $\int_{-\frac{\pi}{4}}^{\frac{\pi}{4}} |\tan x - \sin x| = \int_{-\frac{\pi}{4}}^{0} (\sin x - \tan x)\,dx + \int_{0}^{\frac{\pi}{4}} (\tan x - \sin x)\,dx$

$= \Big[-\cos x + \ln|\cos x|\Big]_{-\frac{\pi}{4}}^{0} + \Big[-\ln|\cos x| + \cos x\Big]_{0}^{\frac{\pi}{4}} = -2 + \sqrt{2} + \ln 2$

답 $-2 + \sqrt{2} + \ln 2$

74

풀이

x_n	y_n
0	4
0.1	3.98
0.2	3.92
0.3	3.82
0.4	3.68
0.5	3.5
0.6	3.28
0.7	3.02
0.8	2.72
0.9	2.38
1	2

$\mathrm{S} = \frac{1}{20}\{4 + 2 \cdot (3.98 + 3.92 + 3.82 + 3.68 + 3.5 + 3.28 + 3.02 + 2.72 + 2.38) + 2\} = 3.333\cdots$

답 3.33

75

풀이 $\int_{0}^{3} v(t)\,dt = \int_{0}^{3} (3t^2 - 5t)\,dt = \Big[t^3 - \frac{5}{2}t^2\Big]_{0}^{3} = \frac{9}{2}$

답 $\frac{9}{2}$m

76

풀이

$$
\begin{array}{c}
1 \\
1 \quad 1 \\
1 \quad 2 \quad 1 \\
1 \quad 3 \quad 3 \quad 1 \\
1 \quad 4 \quad 6 \quad 4 \quad 1 \\
1 \quad 5 \quad 10 \quad 10 \quad 5 \quad 1 \\
1 \quad 6 \quad 15 \quad 20 \quad 15 \quad 6 \quad 1 \\
(a+b)^7 \rightarrow \boxed{1 \quad 7 \quad 21 \quad 35 \quad 35 \quad 21 \quad 7 \quad 1}
\end{array}
$$

$(a+b)^7 = a^7 + 7a^{7-1}b^1 + 21a^{7-2}b^2 + 35a^{7-3}b^3 + 35a^{7-4}b^4 + 21a^{7-5}b^5 + 7a^{7-6}b^6$
$+ a^{7-7}b^7 = a^7 + 7a^6b + 21a^5b^2 + 35a^4b^3 + 35a^3b^4 + 21a^2b^5 + 7ab^6 + b^7$

답 $a^7 + 7a^6b + 21a^5b^2 + 35a^4b^3 + 35a^3b^4 + 21a^2b^5 + 7ab^6 + b^7$

77

풀이 공식에 의하여 $S(5,2) = \frac{1}{2!}\sum_{r=0}^{2}(-1)^{2-r}{}_2C_r \cdot r^5 = \frac{1}{2} \cdot (-1) \cdot {}_2C_1 \cdot 1^5$
$+ \frac{1}{2} \cdot (-1)^0 \cdot {}_2C_2 \cdot 2^5 = -1 + 16 = 15$

답 15(가지)

78

풀이 사건 A를 성수가 당첨제비를 뽑을 사건으로, 사건 B를 재영이가 당첨제비를 뽑지 못할 사건으로 정한다.

$P(B) = \frac{4}{10} \times \frac{6}{9} + \frac{6}{10} \times \frac{5}{9} = \frac{3}{5}$, $P(A \cap B) = \frac{4}{10} \times \frac{6}{9} = \frac{4}{15}$

$$\therefore P(A \mid B) = \frac{P(A \cap B)}{P(B)} = \frac{\frac{4}{15}}{\frac{3}{5}} = \frac{4}{9}$$

답 $\frac{4}{9}$

79

풀이 $P(A \cap B) = P(B)P(A|B) = \frac{1}{12} \times \frac{3}{4} = \frac{1}{16}$

답 $\frac{1}{16}$

80

풀이 $P(A \cup B) = P(A) + P(B) - P(A \cap B) = P(A) + P(B) - P(A)P(B)$

$\therefore P(A \cup B) = P(A) + \frac{1}{5} - P(A) \cdot \frac{1}{5} = \frac{4}{9}$ 에서 $P(A) = \frac{11}{36}$

답 $\frac{11}{36}$

81

풀이 $P(42 \le X \le 60) = P\left(\frac{42-60}{9} \le Z \le \frac{60-60}{9}\right)$

$= P(-2 \le Z \le 0)$ ⋯①

$P(k \le X \le 70) = P\left(\frac{k-70}{10} \le Z \le \frac{70-70}{10}\right) = P\left(\frac{k-70}{10} \le Z \le 0\right)$ ⋯②

①과 ②에 의해 $-2 = \frac{k-70}{10}$

$\therefore k = 50$

답 50

82

풀이 $P(Z \le -1.64) + P(Z \ge 1.64) = 1 - P(-1.64 \le Z \le 1.64) = 1 - 0.9 = 0.1$

답 0.1

83

풀이 공식 $\sigma^2 = \frac{1}{N}\sum_{i=1}^{N}(X_i - m)^2$에 대입하면

$\sigma^2 = \{(1-5)^2+(2-5)^2+(5-5)^2+(6-5)^2+(5-5)^2+(7-5)^2+(4-5)^2+(6-5)^2$

$+(7-5)^2+(7-5)^2\} \div 10 = \frac{40}{10} = 4$

답 4

84

풀이 $m = \frac{5+10+7+9+11+4+10+7+12+15}{10} = 9$이고,

$\sigma^2 = \{(5-9)^2+(10-9)^2+(7-9)^2+(9-9)^2+(11-9)^2+(4-9)^2+(10-9)^2$

$+(7-9)^2+(12-9)^2+(15-9)^2\} \div 10 = 10$

$\therefore \sigma = \sqrt{10}$

답 $\sqrt{10}$

85

풀이 $\overline{X} = \frac{25670+26400+25550+26300}{4} = 25980$이므로 공식

$s^2 = \frac{1}{n-1}\sum_{i=1}^{n}(X_i - \overline{X})^2$에 대입하면 $s^2 = \frac{1}{4-1} \times \{(25670-25980)^2$

$+(26400-25980)^2+(25550-25980)^2+(26300-25980)^2\} = \frac{559800}{3}$

$= 186600$

답 186600

86

풀이 $n=5$, $\overline{X}=\frac{2+4+3+6+5}{5}=4$이다. 표본표준편차 공식

$s=\sqrt{\frac{\sum_{i=1}^{n}(X_i-\overline{X})^2}{n-1}}$에 대입하면

$s=\sqrt{\frac{(2-4)^2+(4-4)^2+(3-4)^2+(6-4)^2+(5-4)^2}{5-1}}=$

$\sqrt{2.5}=\frac{\sqrt{10}}{2} \fallingdotseq \frac{1}{2}\times 3.162=1.581$

답 1.581

88

풀이 $\overline{X}=2.5$, $n=400$, $\sigma=0.1$로 모평균 m을 추정하여

$\overline{X}-1.96\times\frac{\sigma}{\sqrt{n}}\leq m\leq\overline{X}+1.96\times\frac{\sigma}{\sqrt{n}}$에 대입하면

$2.5-1.96\times\frac{0.1}{\sqrt{400}}\leq m\leq 2.5+1.96\times\frac{0.1}{\sqrt{400}}$이다. 이것을 계산하여 정리하면 $2.4902\leq m\leq 2.5098$

$\therefore$ m의 최댓값은 2.5098

답 2.5098(cm)

89

풀이 모표준편차가 3이고, 모평균의 신뢰도 99%의 신뢰구간의 길이가 1 이하가 되어야 하므로 $2\times 2.58\times\frac{3}{\sqrt{n}}\leq 1$에서 $n\geq 239.6304$

$\therefore$ n의 최솟값은 240

답 240

90

풀이 표의 빈 칸을 채우면 다음과 같다.

독서량(X)	국어성적(Y)	$X-\mu_X$	$Y-\mu_Y$	$(X-\mu_X)(Y-\mu_Y)$
1	80	−1.1	−1.5	1.65
2	95	−0.1	13.5	−1.35
0	55	−2.1	−26.5	55.65
2	82	−0.1	0.5	−0.05
5	95	2.9	13.5	39.15
4	100	1.9	18.5	35.15
1	68	−1.1	−13.5	14.85
2	77	−0.1	−4.5	0.45
3	92	0.9	10.5	9.45
1	71	−1.1	−10.5	11.55
합계				166.5

따라서 공분산은 $\frac{166.5}{10}=16.65$이다.

91

풀이

X	Y	$X-\overline{X}$	$(X-\overline{X})^2$	$Y-\overline{Y}$	$(\overline{Y}-\overline{Y})^2$	$(X-\overline{X})(Y-\overline{Y})$
10	50	−17	289	−86	7396	1462
16	80	−11	121	−56	3136	616
29	150	2	4	14	196	28
12	70	−15	225	−66	4356	990
20	100	−7	49	−36	1296	252
40	200	13	169	64	4096	832
35	175	8	64	39	1521	312
55	275	28	784	139	19321	3892
31	160	4	16	24	576	96
22	100	−5	25	−36	1296	180
합계			1746		43190	8660

상관계수 $r=\frac{\Sigma(X-\overline{X})(Y-\overline{Y})}{\sqrt{\Sigma(X-\overline{X})^2\times\Sigma(Y-\overline{Y})^2}}$이므로 $\frac{8660}{\sqrt{1746\times43190}}$

$=0.997250288 \fallingdotseq 0.9973$

답 0.9973

93

풀이 $a=6, b=2$이므로 $\frac{x^2}{a^2}+\frac{y^2}{b^2}=1$에서 a, b를 각각 대입하면 $\frac{x^2}{36}+\frac{y^2}{4}=1$

답 $\frac{x^2}{36}+\frac{y^2}{4}=1$

94

풀이 $a=4$, $b=3$이므로 이심률 $e=\sqrt{1-\frac{b^2}{a^2}}=\sqrt{1-\frac{3^2}{4^2}}=\frac{\sqrt{7}}{4}$

답 $\frac{\sqrt{7}}{4}$

95

풀이 주축의 길이는 $2a=4$이므로 $a=2$, 초점이 $(-3, 0)$, $(3, 0)$이므로 $c^2=9$이다. $c^2=a^2+b^2$이므로 $b^2=5$이므로 쌍곡선의 방정식은 $\frac{x^2}{a^2}-\frac{y^2}{b^2}=1$에서 $\frac{x^2}{4}-\frac{y^2}{5}=1$이다.

답 $\frac{x^2}{4}-\frac{y^2}{5}=1$

96

풀이 $a^2=16$, $b^2=25$이므로 $e=\sqrt{1+\frac{b^2}{a^2}}=\sqrt{1+\frac{25}{16}}=\frac{\sqrt{41}}{4}$

답 $\frac{\sqrt{41}}{4}$

97

풀이 $|\vec{v}|=\sqrt{5^2+6^2+(-2)^2}=\sqrt{65}$

답 $\sqrt{65}$

98

풀이 $\vec{a}\cdot\vec{b}=(-1)\times1+2\times3=5$, $\cos\theta=\dfrac{a\cdot b}{|\vec{a}|\cdot|\vec{b}|}=$ $\dfrac{5}{\sqrt{(-1)^2+2^2}\cdot\sqrt{1^2+3^2}}=\dfrac{1}{\sqrt{2}}$에서 $\theta=45^\circ$

답 45°

99

풀이 ❶ $\overrightarrow{OA}$를 $\vec{a}$, $\overrightarrow{OB}$를 $\vec{b}$로 하면

$|\vec{a}|=\sqrt{(0+1)^2+(0-5)^2}=\sqrt{26}$, $|\vec{b}|=\sqrt{(0-2)^2+(0-3)^2}=\sqrt{13}\cdots$①

$\vec{a}=(-1,5)$, $\vec{b}=(2,3)$이므로 $\vec{a}\cdot\vec{b}=-1\times2+5\times3=13\cdots$②

①과 ②를 공식 $S=\dfrac{1}{2}\sqrt{|\vec{a}|^2|\vec{b}|^2-(\vec{a}\cdot\vec{b})^2}$에 대입하면

$\therefore S=\dfrac{1}{2}\sqrt{(\sqrt{26})^2\cdot(\sqrt{13})^2-13^2}=\dfrac{13}{2}$

풀이 ❷ $\vec{a}=(-1,5)$, $\vec{b}=(2,3)$이므로 $S=\dfrac{1}{2}|a_1b_2-a_2b_1|$에 대입하면

$S=\dfrac{1}{2}|(-1)\times3-5\times2|=\dfrac{13}{2}$

답 $\dfrac{13}{2}$

100

풀이 $\vec{a}\times\vec{b}=(4\times1-(-1)\times(-7),(-1)\times(-5)-3\times1,3\times(-7)$ $-4\times(-5))=(-3,2,-1)$

답 $(-3,2,-1)$

참고 문헌

다양한 수학 관련 도서들을 참고한 것들 중 주로 참고한 도서들은 다음과 같다.

Newton 2022년 1월호 (주)아이뉴턴

누구나 수학 위르겐 브뤽 지음, 정인회 옮김, 지브레인

누구나 쉽게 배우는 미적분 히사시 요코타 지음, 박재현 옮김, 지브레인

법칙, 원리, 공식을 쉽게 정리한 수학 사전 와쿠이 요시유키 지음, 김정환 옮김,그린북

손안의 수학 마크 프레리 저, 남호영 옮김, 지브레인

쎈 고등 확률과 통계 홍범준, 김의석, 김형정, 김형균, 신사고수학콘텐츠연구회, 좋은책신사고

앤더슨의 통계학 데이비드 앤더슨 지음, 류귀열 옮김, 한올출판사

파이썬으로 다시 배우는 핵심 고등 수학 타니지리 카오리 지음, 김범준 옮김, 위키북스

한권으로 끝내는 수학 패트리샤 반스 스바니, 토머스 E. 스바니 공저, 오혜정 옮김, 지브레인

형상기억 수학 공식집 자연계용 위경아 지음, 수경 출판사